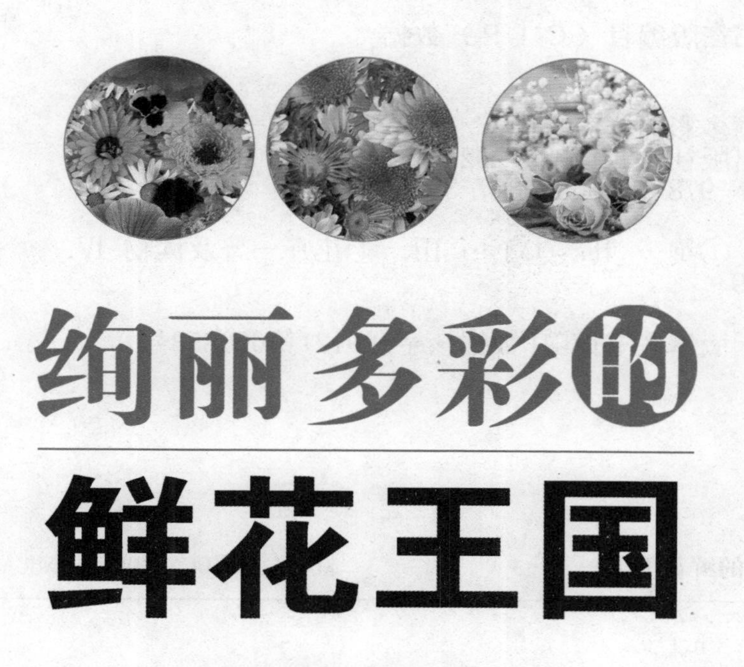

绚丽多彩的

鲜花王国

王子安◎主编

汕頭大學出版社

图书在版编目（CIP）数据

绚丽多彩的鲜花王国 / 王子安主编. -- 汕头 : 汕头大学出版社, 2012.5（2024.1重印）
ISBN 978-7-5658-0817-3

Ⅰ. ①绚… Ⅱ. ①王… Ⅲ. ①花卉－普及读物 Ⅳ. ①S68-49

中国版本图书馆CIP数据核字(2012)第096853号

绚丽多彩的鲜花王国 XUANLI DUOCAI DE XIANHUA WANGGUO

主　　编：王子安
责任编辑：胡开祥
责任技编：黄东生
封面设计：君阅天下
出版发行：汕头大学出版社
　　　　　广东省汕头市汕头大学内　邮编：515063
电　　话：0754-82904613
印　　刷：唐山楠萍印务有限公司
开　　本：710 mm×1000 mm　1/16
印　　张：12
字　　数：71千字
版　　次：2012年5月第1版
印　　次：2024年1月第2次印刷
定　　价：55.00元
ISBN 978-7-5658-0817-3

前　言

这是一部揭示奥秘、展现多彩世界的知识书籍，是一部面向广大青少年的科普读物。这里有几十亿年的生物奇观，有浩淼无垠的太空探索，有引人遐想的史前文明，有绚烂至极的鲜花王国，有动人心魄的考古发现，有令人难解的海底宝藏，有金戈铁马的兵家猎秘，有绚丽多彩的文化奇观，有源远流长的中医百科，有侏罗纪时代的霸者演变，有神秘莫测的天外来客，有千姿百态的动植物猎手，有关乎人生的健康秘籍等，涉足多个领域，勾勒出了趣味横生的“趣味百科”。当人类漫步在既充满生机活力又诡谲神秘的地球时，面对浩瀚的奇观，无穷的变化，惨烈的动荡，或惊诧，或敬畏，或高歌，或搏击，或求索……无数的探寻、奋斗、征战，带来了无数的胜利和失败。生与死，血与火，悲与欢的洗礼，启迪着人类的成长，壮美着人生的绚丽，更使人类艰难执着地走上了无穷无尽的生存、发展、探索之路。仰头苍天的无垠宇宙之谜，俯首脚下的神奇地球之谜，伴随周围的密集生物之谜，令年轻的人类迷茫、感叹、崇拜、思索，力图走出无为，揭示本原，找出那奥秘的钥匙，打开那万象之谜。

瑰丽芬芳的花朵，使人一见就产生爱慕之心。古今中外有多少诗人赞美过它的艳丽，有多少画家描绘过它的风姿。花是天地灵秀的结晶，是美的化身，因此关于百花的相关知识也数不胜数。

《绚丽多彩的鲜花王国》一书分为四章，每章为一个专题。第一章对花卉作了简要概述，包括花卉的定义、结构、别号、雅号以及花卉节等内容；第二章主要介绍的是花卉的种类和栽培管理等；第三章就花卉的习性和相关的花卉故事作了阐述；第四章叙述的是氤氲在花丛中的芬芳文化知识。本书集知识性和阅读性于一体，是一本雅俗共赏的知识读本。

此外，本书为了迎合广大青少年读者的阅读兴趣，还配有相应的图文解说与介绍，再加上简约、独具一格的版式设计，以及多元素色彩的内容编排，使本书的内容更加生动化、更有吸引力，使本来生趣盎然的知识内容变得更加新鲜亮丽，从而提高了读者在阅读时的感官效果。

由于时间仓促，水平有限，错误和疏漏之处在所难免，敬请读者提出宝贵意见。

2012年5月

目　录

第一章　花卉概述

第二章　花卉的种类和栽培管理

第三章 趣说花卉习性和故事

第四章 融汇在文化里的芬芳

第一章
花卉概述

花是天地灵秀的结晶，是美的化身，因此关于百花的传说也数不胜数。花卉通俗地讲，"花"是植物的繁殖器官，是指姿态优美、色彩鲜艳、气味香馥的观赏植物；"卉"是草的总称。花卉，通常指具有一定观赏价值的草本植物。其花、叶、茎、果或形态奇特，或色彩艳丽，或具芳香。广义的花卉还包括草坪植物以及一部分观赏树木和盆景植物，习惯上往往把有观赏价值的灌木和可以盆栽的小乔木包括在内，统称为"花卉"。花的各部分在长期的进化过程中产生了各式各样的适应性变异，因而形成了各种各样的类型。

花一般分为木本花卉、草本花卉与肉质类花卉。常见的木本花卉包括梅花、桃、牡丹、海棠、玉兰、木笔、丁香、杜鹃花、石榴花、含笑花等。常见的草本花卉包括风信子、郁金香、紫罗兰、金鱼草、长春菊、石竹、石蒜、荷花、翠菊等。常见的肉质类花卉有仙人掌、三棱箭、令箭荷花、景天、石莲、燕子掌、落地生根等。

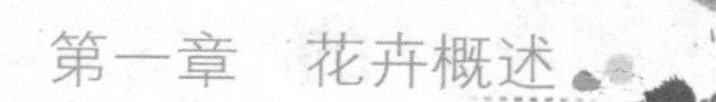

花卉的定义

严格地说，花卉有广义和狭义两种意义。狭义的花卉是指有观赏价值的草本植物，如凤仙、菊花、一串红、鸡冠花等。广义的花卉除有观赏价值的草本植物外，还包括草本或木本的地被植物、花灌木、开花乔木以及盆景等，如麦冬类、景天类、丛生福禄考等地被植物；梅花、桃花、月季、山茶等乔木及花灌木等。另外，分布于南方地区的高大乔木和灌木，移至北方寒冷地区，只能做温室盆栽观赏，如白兰、印度橡皮树，以及棕榈植物等也被列入广义花卉之内。

花是种子植物的有性繁殖器官。典型的花，在一个有限生长的短轴上，着生花萼、花瓣和产生生殖细胞的雄蕊与雌蕊。花由花冠、花萼、花托、花蕊组成，有各种颜色，有的长得很艳丽，有香味。有

些学者认为裸子植物的孢子叶球也是“花”，而多数人则认为被子植物才有花，所以被子植物也称为有花植物。花的各部分不易受外界环境的影响，变化较小，所以长期以来，人们都以花的形态结构，作为被子植物分类鉴定和系统演化的主要依据。

花的结构

花是植物主要的繁殖器官，一朵完整的花包括了六个基本部分，即花梗、花托、花萼、花冠、雄蕊群和雌蕊群。其中花梗与花托相当于枝的部分，其余四部分相当于枝上的变态叶，常合称为花部。一朵四部俱全的花称为完全花，缺少其中的任一部分则称为不完全花。

关于花结构的本质，比较一致的观点倾向于将花看作一个节间缩短的变态短枝，花的各部分从形态、结构来看，具有叶的一般性质。首先提出这一观点的是德国的诗人、剧作家与博物学家歌德，他认为花是适合于繁殖作用的变态枝。这一观点得到了化石记录以及很多系统发育与个体发育证据的支持，并且能较好地解释多数被子植物花的结构，因而延用至今。

花的各部分（如花萼、花冠、

雄蕊群和雌蕊群等）及花序在长期的进化过程中，产生了各式各样的适应性变异，因而形成了各种各样的类型。花的形状千姿百态，大约25万种被子植物中，就有25万种的花式样。

花的别名

牡丹：别名木芍药、花王、洛阳王、洛阳花、谷雨花、鹿韭、富贵花等。属毛茛科。

菊花：别名黄华、黄花、金蕊、菊华、秋菊、九华、女华、帝女花等。属菊科。

荷花：别名莲花、芙蕖、水芝、水芙蓉、莲芙蓉、藕花、水旦、水芸、水华、泽芝、玉环、水花、荷华、扶蕖、芙蓉、菡萏、君子花、水莲花、草芙蓉、六月春、夫蓉、芰荷、水云、静客、静友、菡苕、美蕖、红蕖、溪客等。属睡莲科。

梅花：别名春梅、干枝梅、红绿梅等。属蔷薇科。

桂花：又名木樨、丹桂、金桂、岩桂、九里香等。属木樨科。

月季：别名长春花、月月红、斗雪红、瘦客、四季蔷薇等。属蔷薇科。

水仙花：别名凌波仙子、玉玲珑、金盏银台、姚女花、女史花、天葱、雅蒜等。属石蒜科。

山茶花：别名玉茗花、耐冬、曼陀罗、薮春、山椿、晚山茶、洋茶等。属山茶科。

杜鹃花：又名映山红、满山红、山踯躅、红踯躅、山石榴等。属杜鹃花科。

腊梅：别名九英梅、久客、小黄香、奇友、黄梅花、寒客等。

瑞香花：别名闺客、蓬莱紫、锦熏笼、麝囊等。

丁香花：别名百结花、素客、情客等。

夹竹桃：别名拘那夷，亦称“拘拏儿”，俱那卫，也叫俱那异、枸那花等。

海棠：别名川红、名友、蜀客、蜀锦醉美人（垂丝海棠的别称）等。

紫荆花：别名内消、蚍蜉等。

山矾：别名七里香、幽客等。

合欢：别名马缨花、青囊、夜合等。

栀子花：别名木丹、林兰、越桃、禅客、鲜支等。

石榴：别名石醋醋、村客等。

木槿：别名王蒸、日及、时客、

疟子花、面花、爱老、朝开暮落花、朝生、朝华、亦称“朝客”、朝菌、裹梅花、藩篱草等。

牵牛花：别名长十八、狗耳草、喇叭花、勤娘子等。

罂粟花：别名米囊花、象谷、锦被花、满园春（一种大的罂粟花的别名）等。

芍药：别名可离、白犬、当离、近客、将离、娇客、馀容、离草、婪尾春、玉盘盂（白芍药的别名），木芍药（赤芍药的别名）。

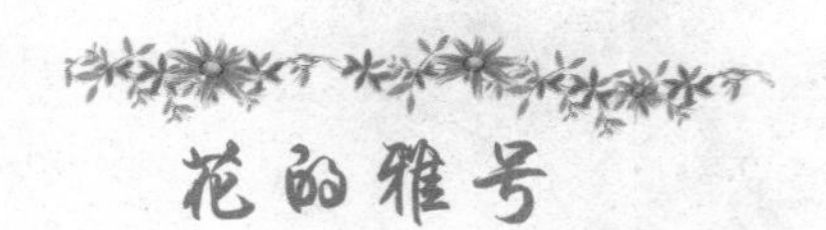

花的雅号

花卉雅号是自古以来爱好花卉的诗人和广大人民群众给花卉起的美名或尊称。常见的花卉雅号有：

“花王”——牡丹

“花相”——芍药

“花中皇后”——月季

“花中西施”——杜鹃

“花中君子”“天下第一香”“空谷佳人”——兰花

“人间第一香”——茉莉

“东篱隐士”“雪里婵娟”——菊花

“君子花”——莲花

“白花盟主”——铃儿花(吊钟)

“月下美人”——昙花

“绿色仙子”——吊兰

“花魁”——梅花

“四君子”——梅、兰、竹、菊、

“岁寒三友”——松、竹、梅。

“花中双绝”——牡丹、芍药。

“我国三大天然名花”——杜鹃、报春、龙胆。

“花草四雅”——兰、菊、水仙、菖蒲。

“花中四友”——茶花、迎春、梅花、水仙。

“蔷薇三姊妹”——蔷薇、月季、玫瑰。

“花中二姊妹”——薄荷、留兰香。

“红花二姊妹”——红花、藏红花。

“盆花五姊妹”——山茶、杜鹃、仙客来、石蜡红、吊钟海棠。

“树桩七贤”——黄山松、缨络柏、枫、银杏、雀梅、冬青、榆。

“园林三宝”——树中银杏、花中牡丹、草中兰。

花卉节

花卉节，顾名思义就是以花为主体。到了花卉节那天，到处都是百花争艳。各公园、酒店也纷纷配合举行形形色色的活动，如寻花赛、花展等。购物中心则用鲜花将门面点缀得花枝招展、引人注目。花卉周的高潮是一项千姿百态、百花齐放的大规模花车游行，吸引大批国内外游客前来观光。

马来西亚花卉节

马来西亚花车游行源于1991年，是东南亚第一个举行花车游行的国家。马来西亚在1988年美国玫瑰花车游行帕萨迪那锦标赛中赢得了最负盛名的五个奖，因此受到了启发，开始在本国举行花车游行。

围绕建设农业旅游，马来西亚十分重视花卉旅游业。从1992年起，将7月2~9日定为一年一度的“花卉节”，在花卉节期间举行各种花展、花竞赛、花车游行，各购物中心、酒店也以花为主题营造“百花齐放的绿洲”“迷人的花世界”“花的海洋”等购物环境，生动形象地宣传花卉，让花为众人所识，使全社会形成养花、爱花的新习俗。

随着花卉生产的兴起，政府与有关部门紧密结合，实现花卉生产基地化、专业化。马来西亚将“花卉节”与旅游紧密结合起来，推动了旅游业务，使之搞得既生动又丰富，从而吸引了国际上更多的游客，使马来西亚旅游业年年连创佳绩，1994年旅游业外汇收入就达90亿元马币，成为排名第三的产业。大量游客的到来，观花、赏花、购花，大大活跃了花卉市场。马来西亚在

1995年成功地举办了国际花卉展销会，成为东南亚地区具有权威的国际花卉展。

马来西亚花卉节，以别开生面的花卉马拉松作为起点，表演者会以花卉为主题的装扮从独立广场步行两千米到达湖滨公园，同时吸引及鼓励全家人聚集在这里一起欣赏花卉。除此之外，接下来的几项活动也包括在布城举行的花卉寻宝赛，这项活动是配合花卉项目及寻宝竞赛一起举行，当中将会涉及巴生谷河流域地区。摄影展也会配合花卉节，获奖照片将在展览厅展示，摄影大赛的比赛结果将公布在各大报纸上。

在布城举行的花车游行是花卉节的重点活动，将会吸引来自新加坡、各州政府、地方执法当局及各机构所设计花车的参与，一起角逐六个奖项，包括首奖、主题奖、创意奖、游行奖、评审团奖及国际参赛奖。

此外，为了使游行更吸引人，学校乐队和街头表演也会参与其中。在花车游行之后，所有参赛的花车都会放置在有冷气设备的帐篷内，以供公众欣赏。为了使花车游行的节目更加丰富，对花卉情有独钟的人士可以前往参观。到时可以观赏及购买到各式各样的鲜花、干花及假花。为了增加公众对花卉节的了解及参与，国内的购物商场及酒店也会参加花卉设计比赛，届时评审团将选出最佳创意的购物广场及酒店大厅。另外，主办当局也会举行一项花艺工作坊，参赛者们可以学习如何种花和插花等技术。

旅游部部长拿督斯里东姑安南说："2007 年马来西亚花卉节的其中一个意义是要向国人及游客呈献马来西亚丰富的花卉品种。除了展现马来西亚遗产的壮丽及美丽之外，花卉节也希望能够增加市场对花卉的需求，以及增加农业领域对刚在本地萌芽的花卉市场的贡献，以发展这项有可能带来盈利的出口贸易。"

昆明国际花卉节

2000 年 9 月 28 日，首届我国昆明国际花卉节在昆明世博园开幕。来自美国、荷兰等 13 个国家和地区的 269 个花卉参展企业的代表参加开幕式。开幕式结束后，由 200 多种鲜花和野生花果制成的 44 辆花车和彩车在昆明主干道进行了巡游。

为了进一步开展国际花卉贸易合作，引进国外先进的技术和管理，扩大"云花"的知名度，促进云南产业跨越式发展，云南省在2000年9月28日—10月3日举办了首届昆明国际花卉节。本届花卉由我国花卉协会和云南省人民政府共同主办，昆明市政府、云南省生物资源开发创新办和省花产业联合会承办。为期7天的本届花卉节，活动内容包括昆明国际花卉和花车巡游、云南野花卉展、花卉摄影家、摄影展、插花艺术表演、花卉学交流等一系列大型活动。其中，昆明国际花展位300个（国内、国外各一半），由于政府给予补贴，参展展位租金已作大幅下调，将吸引大量客商前来参展。

2000年9月28日，在昆明世

界园艺博览园大门前街心花园广场举行我国昆明国际花卉节开幕式；9月28日、30日、10月1日在昆明市的主干道东风西路和东风东路举行花车巡游活动，有38辆花车组成四个花车阵，展示云南天美、地美、人美；9月28日至10月10日，在昆明市沿东风东路、东风西路十里长街上设置花街大道。大道将有16个植物造型景点，各种丰富多彩的园林园艺设计，并在其间摆放20个各具特色的花卉园艺景观；9月28日至10月3日在世博园展览厅举办中外花卉企业花卉生产技术及新品种展示，并进行花卉种苗、种球、花卉园艺生产设备物资定货会。在斗南花卉市场组织斗南数百家花卉生产企业举行花卉园艺精品展销。并在世博园“人与自然”馆举办分专题展示云南省野生花卉资源及开发成果展；9月28日至10月3日在世博园“我国馆”艺术长廊举办插花艺术展；同一时间在世博园“我国馆”还举办花卉摄影展；9月29日至10月1日在“我国馆”报告厅举办以生物技术与花卉产业发展为主题的学术交流会；10月3日举行盛大隆重的闭幕式。

上海国际花卉节

以“花卉与和谐生活”为主题的第五届上海国际花卉节日，于2006年4月7日在上海市长风公

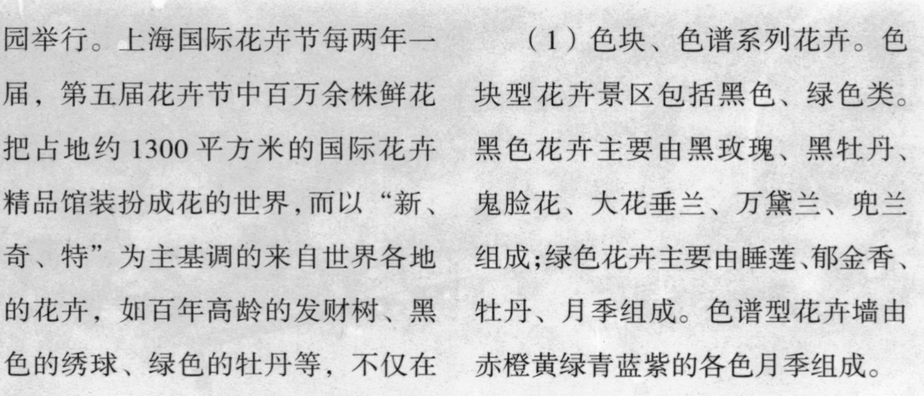

园举行。上海国际花卉节每两年一届，第五届花卉节中百万余株鲜花把占地约1300平方米的国际花卉精品馆装扮成花的世界，而以“新、奇、特”为主基调的来自世界各地的花卉，如百年高龄的发财树、黑色的绣球、绿色的牡丹等，不仅在视觉上将给游人带来唯美的享受，更使人有“世界真奇妙”的叹嗟。而经由太空育种的老虎须、茨玫瑰，白色乳茄、黄色番茄和啡色菜椒等植物，更给人们提供了近距离接触高科技植物的机会。

（1）色块、色谱系列花卉。色块型花卉景区包括黑色、绿色类。黑色花卉主要由黑玫瑰、黑牡丹、鬼脸花、大花垂兰、万黛兰、兜兰组成;绿色花卉主要由睡莲、郁金香、牡丹、月季组成。色谱型花卉墙由赤橙黄绿青蓝紫的各色月季组成。

（2）水培类植物:主要由浮水、挺水禾木科花卉组成,包括红叶花、斑叶芒等。

（3）阴生植物系列：包括见血封喉、马拉巴粟、沙漠玫瑰、一夜金等。

（4）奇异花卉：以多肉类的景天科、龙舌兰科为主。包括佛甲属花卉、世之春花卉等。

（5）温带、热带类系列：包括黄穗兰、狐狸尾、千代兰、万代兰等。

（6）月季主题花系列：包括蓝色妖姬、微型、香水月季等。

（7）大花卉由直径 0.6 米、高 1.3 米的摩竽组成；最大的观叶树为发财树，从关岛引入，树高 3 米、树围 0.4 米，有百年树龄。

（8）果类景点：由各色南瓜、茄子、菜椒等观赏类蔬果组成。

（9）“食荤”类植物现身第五届上海国际花卉节。捕蝇草一般为黄色，叶子厚而有力，像一个可以随意开合的贝壳。平时，“贝壳”向外张开，散发出甜甜的气味，当小虫受到诱惑飞过来时，“贝壳”立即闭合，并分泌出酸性物质，把小虫化成自己的“粮食”。

瓶子草、猪笼草的捕虫法与捕蝇草大同小异。瓶子草形似瘦长瓶子，上端有盖，瓶口能分泌蜜汁。当贪吃的小虫前往吸食时，便会滑落瓶中，被它分泌的消化液分解“吃”掉。猪笼草的捕虫本领也不逊色，当虫子受香味诱惑，爬进它那鲜艳的红“笼子”时，“笼子”上方的“盖子”就会垂下，将笼口合上，然后分泌消化液慢慢享用猎物。

我国各地花卉节

我国幅员辽阔，花卉资源丰富。花开时节，很多地方纷纷举办各种花卉节日，如梅花节、茶花节、梨花节、桃花节、荷花节、桂花节、菊花节等。你方唱罢我方登场，很是热闹。大到各省市，小到一个城镇，都有各式各样的花卉节。

1 月份：16—18 日福建漳洲的“我国水仙花节”，春节前后云南昆明、丽江等地的“茶花节”。

2 月份：中旬江西的“梅花节”，17 日云南大理的“兰花博览会”，22 日南京的“国际梅花节”。

3 月份云南、贵州的“油菜花节”，浙江金华的“国际茶花节”，绍兴的“兰花节”，成都的“郁金香节”，南京的“夫子庙花会”，上海、无锡、成都、湖南桃源的“桃花节”，昆明的“杜鹃花节”，四川绵竹的“梨花节”。

4 月份 19 日起至 5 月 8 日为无锡的“杜鹃花节”，8 日至 25 日为贵

州省黔西金坡百花坪的“杜鹃花节”，中下旬为山东菏泽、安徽巢湖的“牡丹花节”，河北顺平、山东肥城、北京的“桃花节”，20日山东莱阳的“梨花节”。

5月份1—8日青海的“郁金香节”，5—8日江苏扬州的“琼花节”，25日山东莱州的“月季花节”，5—6月份天津的“月季花节”，山东平阴的“玫瑰文化节”。

6月份：郑州、常州的“月季花节”，山东枣庄的“石榴花节”，武汉、杭州、合肥、深圳、澳门的“荷花节”，6—8月份四川新都的“桂湖荷花展节”。

7月份山东济南大明湖、河北白洋淀的“荷花节”。

9月份下旬为上海的“桂花节”（10天），杭州的“西湖桂花节”，广西桂林的“桂花节”，南京灵谷的“桂花节”。

10月份北京、开封、广州、浙江余杭的“菊花节”。

11月份北京的“红叶节”，浙江桐乡、河南内乡的“菊花节”。

12月份成都、广州从化流溪的“梅花节”。

第二章

花卉的种类和栽培管理

我国地域辽阔，跨越了寒温带、暖温带至亚热带和热带。适宜于各种植物的生长，因而植物资源极其丰富。我们勤劳、勇敢、智慧的祖先擅长精耕细作的农业技术，不仅引种栽培了许多野生植物成为粮食、蔬菜、药材、水果，同时也培育了许多观赏花卉植物。花卉具有国际性，有些花卉种类来自亚洲、美洲、非洲、大洋洲和欧洲各地。我国既有极其丰富的花卉观赏植物资源，又和世界各地不断交流和引进新品种。

当代花卉种类万千，浩瀚纷繁。我国具有悠久的文化传统和非凡的审美观，对花卉植物的观赏，不独讲究花卉的姿容风韵，更注重各类花卉的天赋秉性、人文内涵。为了给各种花卉的生态习性、生长发育、栽培管理找到科学依据，古今古外学者提出各种的分类方案，通常依生态习性及栽培方式和用途分类。各类型花卉在自然条件下园林、庭院栽培，能够完全正常生长发育的称为露地花卉。原产热带、亚热带和南方暖温带的花卉，在北方高寒地区需在园艺设施或家庭室内养护的，以及冬季需盆栽入室保护越冬的称温室花卉等。

在花卉园艺科学研究上，常按照植物分类学分类。根据花卉植物的亲缘关系的远近和进化位置适当的列入科、属、种，也称系统分类法。人们较熟悉的是按照花卉植物最富观赏情趣部位的分类，如观花类、观果类金橘、佛手、石榴；观叶类苏铁、万年青；观茎类佛肚竹、光棍树；观形类仙人掌、山影等。区别各类型花卉，进一步识别各类型花卉所包容的品种。把有确切名称的花卉品种予以归类分型并构成完整体系，以确认品种特征、生态习性和观赏特性，则可以针对其各种特性，适度栽培管理和适时应用。

露地花卉

露地花卉是指整个生长发育周期可以在露地进行，或主要生长发育时期能在露地进行的花卉。它包括一些露地春播、秋播或早春需用温床、冷床育苗的一二年生草本花卉及多年生宿根、球根花卉。如长春花、百日草、石竹、金鱼草、萱草、彩叶草、唐菖蒲、鸢尾等。

有些木本花卉可露地栽植并自然露地越冬,或稍加防寒即可过冬。如龙柏、翠柏、银杏、紫薇、玉兰、月季、牡丹、榆叶梅、藤萝、紫藤、凌霄、金银花等。露地花卉依其生活史可分为三类。

一年生花卉

一年生花卉指在一个生长季内完成生活史的植物。即从播种到开花、结实、枯死均在一个生长季内完成。一般春天播种、夏秋生长，开花结实，然后枯死，因此一年生花卉又称春播花卉。如风仙花、鸡冠花、百日草、半支莲、万寿菊等。

二年生花卉

二年生花卉指在两个生长季内完成生活史的花卉。当年只生长营养器官，越年后开花、结实、死

亡。这类花卉，一般秋天播种，次年春季开花。因此，这类花卉常称为秋播花卉。如五彩石竹、紫罗兰、羽衣甘蓝、瓜叶菊等。

多年生花卉

多年生花卉指个体寿命超过两年的，并能多次开花结果的花卉种类。根据地下部分形态变化，又可分两类：

（1）宿根花卉

宿根花卉是植株地下部分可以宿存于土壤中越冬，翌年春天地上部分又可萌发生长、开花结籽的花卉。宿根花卉的地下部分形态正常，不发生变态。该类花卉的优点便是繁殖、管理简便，一年种植可多年开花，是城镇绿化、美化极适合的植物材料。植株地下部分宿存越冬而不形成肥大的球状或块状根，次春仍能萌蘖开花并延续多年的花卉。宿根花卉大多属寒冷地区生态型，可分较耐寒和较不耐寒两大类。前者可露地种植，后者需温室栽培。以分株繁殖为主，一般均在休眠期进行。新芽少的种类可用扦插、嫁接等法繁殖。播种繁殖则多用于培育新品种。

宿根花卉是适宜我国地区气候特点的多年生花卉品种，该类花卉

中大量的野生品种和已经园艺化的品种经适当管理，能够安全越冬和平安度夏。这些资源的开发应用，是人与自然和谐发展在城市绿化，美化中形成植物多样性的重要途径。宿根花卉比一二年生草花有着更强的生命力，而且节水、抗旱、省工、易管理，合理搭配品种完全可以达至“三季有花”的目标，更能体现城市绿化发展与自然植物资源的合理配置。

宿根花卉的主要栽培种类有：石竹类、漏斗菜类、荷包牡丹、蜀葵、天蓝绣球、铃兰、玉簪类、射干、鸢尾类等。种类繁多，花色丰富艳丽，适应性强，一次栽植，可供多年观赏。

宿根花卉的特点有：

①应用范围广，可以在园林景观、庭院、路边、河边、边坡等到地方绿化中广泛应用。

②一次种植可多处观赏，且方便、经济、可以节省大量人力、物力。

③大多数品种对环境条件要求不严，可粗放管理。

④品种繁多，株型高矮、花期、花色变化较大，时间长，色彩丰富、鲜艳。

⑤许多品种有较强的净化环境与抗污染的能力及药用价值。

⑥部分品种是切花、盆花及干花的好材料。

宿根花卉的注意事项

1. 宿根花卉的栽培要根据其生态习性，适地适花，例如早小菊怕涝，应栽在地势高的地方，蜀葵要栽在通风条件好的地方，土壤贫瘠的地方可栽荷兰菊，阳光充足的地方直栽金鸡菊，庇荫处栽玉簪等。

2. 宿根花卉的布置要与设计的总体布局、主题思想协调统一。在几种花卉配置时，要考虑色彩组合，形成韵律感。避免凌乱、无意可循，影响景观效果。

3. 在城市街道的大块绿地、公园、游园中的宿根花卉应用种类品种有待丰富，其花期、色彩及植物高矮的搭配有待于提高，以创造出更好的园林景观。

4. 宿根花卉种类的选择和开发利用要有地方特色。昆嵛山植物区系的宿根花卉资源丰富，种类繁多，有300种左右，不少是山东省的珍

贵或特有植物，它们可以看作是该区的标志，如山东银莲花、紫点杓兰、转子莲、猫儿菊等。另外在宿根花卉种类的选择和开发利用上，应遵循立足本地，适当引进外来种的原则。威海地区可以利用资源优势，建成具有北方特色的滨海风景园林景观。

5. 在种类选育上，要增加品种的多样性，进行引进、培育和繁殖满足城市绿化、美化的需要。如大花萱草、石竹、荷兰菊、玉簪、景天、鸢尾、芍药等色彩丰富、可构成完整的花色体系，应根据植物习性及生长地特点合理配置，模拟、再现自然景观的人工植物群落，充分体现城市园林的地方特色。

宿根花卉的造景艺术与原则：

宿根花卉在植物景观配置中的应用取得了一定的观赏效果，这是创造优美生存空间过程中“师法自然”的一种趋势。然而宿根花卉周年生长在露地，一年种植、多年观赏的特点节省大量人力、物力和财力，但同时也似乎失去了一二年生草花

绿化、美化所具有的应时性和灵活性。而现代园林植物造景，是科学性和艺术性的完美结合，是“师法自然”，而又“高于自然”的一种境界。所以，我们在运用宿根花卉进行绿化、美化的过程中要充分发挥其种类丰富、生态各异的优点，合理配置，创造出季相分明、色彩斑斓的优美景色来。具体说来要遵循以下原则。

①要遵循宿根花卉的生态特性

宿根花卉因其周年生长在露地，管理栽培又不像温室花卉那样精致，故对周围的生态因子有一定的要求和适应能力，要根据不同的光、水分、温度、土壤等立地条件选择相应的宿根花卉，尽量做到适地适花。如在林下、建筑物的背面等以散射光为主的地方应选择耐阴性宿根花卉，如玉簪、紫萼、铃兰、吉祥草、一叶兰、石菖蒲、土麦冬、石蒜等。在空旷地或路边应选择喜阳性宿根花卉，如葱兰、大花美人蕉、沿阶草、红花酢浆草、萱草、

鸢尾、一枝黄花等。在池塘边或水体环境中应选择耐湿或水生宿根花卉，如石菖蒲、万年青、马蔺、溪荪、黄菖蒲、芦苇、香蒲、荷花、睡莲、千屈菜等。在干旱瘠薄、岩石园等处选择的宿根花卉有萱草、白头翁、垂盆草、日本景天、虎耳草、紫花地丁等。

在做到适地适花的同时，还要处理好宿根花卉种内和种间的关系。同种花卉种植在一起，要安排好种植方式和密度、距离，使其符合各自的生态要求。不同种类间种植，要尽量做到管理措施的一致。只有这样，宿根花卉才能正常生长，并保持相对的稳定性，以实现观赏效果连年不变。

②要与周围环境相协调、与功能相符合

不同的绿化环境，其功能和要求是不同的，因而对宿根花卉的种植设计也是不同的。如街道绿地，主要功能是遮荫和美化环境，在不妨碍交通视线的前提下，利用各种花灌木和宿根花卉结合起来，既可丰富街景，又给来往的行人带来心旷神怡的感觉。又如居民小区和街心公园，其功能是美化环境，为广大群众提供优美的休息场所。在这一地段，一般以种植宿根花卉为主，适当配以精美的花灌木，耐修剪的造型植物，树型优美的小乔木等植物材料来营造幽雅的街区小景观。在街道的两旁，可以选择一些抗性强、株形紧凑的宿根花卉，如葱兰、石蒜、红花酢浆草、沿阶草等，也具有开阔视线、装饰效果强等特点。

③要合理配置，使景观观赏效果尽量保持连续性和完整性

宿根花卉一年种植，多年观赏。为了避免因秋、冬季节枯叶落叶及炎热夏季部分花卉休眠，地面裸露所带来的不良效果，要在对各种宿根花卉生态习性充分认识的基础上，加以合理布置，使宿根花卉一年四季的观赏效果保持连续性和完整性。如荷包牡丹与耧斗菜在夏季炎热地区仅在上半年生长，炎热夏季到来时即因休眠而枯萎，这就需要在株丛间配置夏、秋季生长茂盛而春至夏初又不影响其生长与观赏的其他花卉。石蒜类根系很深，秋、冬季保持绿色，开花时又无叶，如与茎叶葱绿的麦冬类、萱草类，或与浅根系匍匐生长的爬景天配合种植，则会收到良好的观赏效果。又如早春开花的二月蓝与初秋花色丰富、略带清香的紫茉莉交替混种，正好错开了各自的展叶期和开花期，解决了树下黄土不见天的问题。

④要注重季相、色彩的变化与对比

宿根花卉种类繁多，花期有早有晚。色彩也极其丰富（分为白色系、红色系、黄色系、橙黄系、紫色系、蓝色系等）。如果在种植设计时配合得当，注意季相的变化，又考虑到同一季节中彼此的色彩、花姿，以及与周围色彩的协调和对比，那将会形成三季有花、四季常青、色彩斑斓、绚丽多姿的优美景色。

要实现季相、色彩的变化与对比，就要熟悉各种宿根花卉的花期、花色及花型。如早春开花的二月蓝、郁金香、风信子、金盏菊、铁筷子、雪滴花等；夏季开花的各色美人蕉、大花马齿苋、大花萱草、宿根福禄考、蜀葵、一枝黄花、玉簪、紫萼、葱兰等；秋季开花的早小菊、日本早小菊、蓍草、荷兰菊、菊花等；冬季开花的水仙、黄花石蒜等。在色彩的配合方面，要与周围的环境相协调，且要有主题，有特色，有意境，有美感。

如在水边种植宜选用米黄色等浅色花卉，如水生鸢尾、玉带草等。在山边种植，应选择与山体、岩石等相近的色彩，如土三七、景天、荷兰菊等。在树丛中宜用红、黄、橙等暖色调。另外，还要根据气候、

季节、园林绿地的功能等设计色彩，一般在炎热的夏季多用冷色调，在

寒冷的冬季则采用暖色调等。

⑤植物配置材料有主、有从，叶色、质地、株型的对比要有变化

宿根花卉在种植设计时，不论是花带、花坛，还是花丛都要有自己的主调和配调。主调数量多、比重大；配调数量少、比重小，体现重点和主从关系。另外，在主调和配调的不同植物材料之间，叶色、质地、株型也要互相映衬和搭配协调。如在居住区花带的种植设计时，以萱草为主调，以鸢尾、早小菊为配调，不仅有季相的变化，而且其株型、叶色及质地相互映衬。鸢尾的叶竖直向上，萱草、早小菊的叶横向伸展；鸢尾的叶是剑形的，而萱草的叶是披针形的，且叶色又有白绿、墨绿之分。

宿根花卉种植设计作为群体观赏效果在国外已十分普遍，且取得了良好的绿化、美化效果。但在我国还刚刚起步，它反映了人们崇尚自然，追求自然的现代理念。作为宿根花卉应用的基础，我国宿根花卉品种资源十分丰富，只要勇于探索，敢于创新，相信会不断地创造出优美的人间佳境来。

宿根花卉的栽培和管理：

宿根花卉生长强健，根系较一、二年生花卉强大，入土较深，抗旱及适应不良环境的能力强，一次栽植后可多年持续开花。在栽植时应深翻土壤，并大量施入有机质肥料，以保证较长时期的良好的土壤条件。宿根花卉需排水良好的土壤。此外，不同生长期的宿根花卉对土壤的要求也有差异，一般在幼苗期间喜腐殖质丰富的疏松土壤，而在第二年以后则以粘质壤土为佳。

宿根花卉种类繁多，可根据不同类别采用不同的繁殖方法。凡结实良好，播种后一至两年即可开花的种类，如蜀葵、桔梗、耧斗菜、除虫菊等常用播种繁殖。繁殖期依不同种类而定，夏秋开花、冬季休眠的种类进行春播；春季开花、夏季休眠的种类进行秋播。有些种类如菊花、芍药、玉簪、萱草、铃兰、鸢尾等，常开花不结实或结实很少，而植株的萌蘖力很强；还有些种类，尽管能开花生产种子，但种子繁殖需较长的时间方能完成，对这些种类均采用分株法进行繁殖。分株的时间，依开花期及耐寒力来决定。春季开花且耐寒力较强的可于秋季分株；而石菖蒲、万年青等则春秋两季均可进行。还有一些种类如香石竹、菊花、五色苋等常可采用茎段扦插的方法进行繁殖。

宿根花卉在育苗期间应注意灌水、施肥、中耕除草等养护管理措施，但在定植后，一般管理比较简单。为使生长茂盛、花多、花大，最好在春季新芽抽出时施以追肥，花前和花后再各追肥一次。秋季叶枯时，可在植株四周施以腐熟的厩肥或堆肥。

宿根花卉种类繁多，对土壤和环境的适应能力存在着较大的差异。有些种类喜粘性土，而有些则喜沙壤土。有些需阳光充足的环境方能生长良好，而有些种类则耐阴湿。在栽植宿根花卉的时候，应对不同的栽植地点选择相应的宿根花卉种类，如在墙边、路边栽植，可选择那些适应性强、易发枝、易开花的种类如萱草、射干、鸢尾等；而在广场中央、公园入口处的花坛、花境中，可

选择喜阳光充足，且花大色艳的种类，如菊花、芍药、耧斗菜等；玉簪、万年青等可种植在林下、疏林草坪等地；蜀葵、桔梗等则可种在路边、沟边以装饰环境。

宿根花卉一经定植以后连续开花，为保证其株形丰满，达到连年开花的目的，还要根据不同类别采取不同的修剪手段。移植时，为使根系与地上部分达到平衡，有时为了抑制地上部分枝叶徒长，促使花芽形成，可根据具体情况剪去地上或地下的一部分。对于多年开花，植株生长过于高大，下部明显空虚的应进行摘心。有时为了增加侧枝数目、多开花也会进行摘心，如香石竹、菊花等。一般讲，摘心对植物的生长发育有一定的抑制作用，因此，对一株花卉来说，摘心次数不能过多，并不可和上盆、换盆同时进行。摘心一般仅摘生长点部分，有时可带几片嫩叶，但摘心量不可过大。

（2）球根花卉

球根花卉指植株地下部分变态膨大，有的在地下形成球状物或块状物，大量贮藏养分的多年生草本花卉。球根花卉偶尔也包含少数地上茎或叶发生变态膨大者。球根花卉广泛分布于世界各

地。供栽培观赏的有数百种，大多属单子叶植物。按照地下茎或根部的形态结构，大体上可以把球根花卉分为下面五大类：

①鳞茎类

鳞茎类植物地下茎呈鱼鳞片状。地下茎是由肥厚多肉的叶变形体即鳞片抱合而成，鳞片生于茎盘上，茎盘上鳞片发生腋芽，腋芽成长肥大便成为新的鳞茎。鳞茎为地下变态茎的一种，变态茎非常短缩，呈盘状，其上着生肥厚多肉的鳞叶，内贮藏极为丰富的营养物质和水分，能适应干旱炎热的环境条件。鳞茎也具顶芽和腋芽，可从其上发育出地上的花茎，开花结实。从鳞茎盘的下部可生出不定根，每年可从腋芽中形成一个或数个新的鳞茎，称为子鳞茎，可供繁殖用。鳞叶的宽窄不一，如洋葱的鳞叶较宽，百合的鳞叶较窄等。随着鳞茎的生长，外鳞叶变得薄而干，有时呈纤维状，可保护内鳞叶不致枯萎。百合科、石蒜科的植物，如洋葱、百合、贝母、蒜、水仙花等都具鳞茎。

鳞茎又可以分为有皮鳞茎和无皮鳞茎两类，有皮鳞茎类球根花卉有水仙花、郁金香、朱顶红、风信子、文殊兰、百子莲等，无皮鳞茎

类有百合等。

②球茎类

球茎是地下茎的一种，是构成主轴的茎基部异常肥大而成球状并蓄积贮藏物质的地下茎。球茎亦称实心鳞茎、鳞茎状块茎，是一种垂直生长的肉质地下茎，也是某些种子植物的无性繁殖器官，具有芽和膜质（或鳞片状）叶。球茎底端根著生处生有小球茎，球茎与鳞茎及块茎均有区别，番红花和唐菖蒲具有典型球茎。球茎的地下茎呈球形或扁球形，有明显的环状茎节，节上有侧芽，外被膜质鞘，顶芽发达。细根生于球基部，开花前后发生粗大的牵引根，除支持地上部外，还能使母球上着生的新球不露出地面。球茎基部常生有不定根，如慈姑、荸荠等。这类球根花卉有唐菖蒲、小苍兰、西班牙鸢尾等。

球茎多数是地上部于每年冬季枯死成为多年生草本越冬的休眠器官（如剑兰）。当新的地上部发育之后，球茎有的腐烂（如魔芋），有的可存活二年以上（如白及）。不少球茎和鳞茎在外观上相似，但鳞茎的叶已肉质化，解剖时可以区别。

③根茎类

根茎类植物地下茎肥大呈根状，在地表下呈水平状生长，外型似根，同时形成分支四处伸展。上面具有明显的节和节间，节上有小而退化的鳞片叶。叶腋有腋芽，尤以根茎顶端侧芽较多，由此发育为

地上枝，并产生不定根。这类球根花卉有美人蕉、荷花、姜花、睡莲、

玉簪等。

④块茎类

块茎是植物学名词术语。它是植物茎的一种变态，呈块状，故名。块茎为地下的变态茎之一，为节间短缩的横生茎，外形不一，常肉质膨大呈不规则的块状，贮藏一定的营养物质，借以度过不利的气候条件。根系自块茎底部发生，节向下凹陷如眼窝，芽生其中但并不明显，鳞叶退化或早落，如半夏、天麻、马铃薯等。

块茎既然是茎，因此就具有植物茎的主要特征，比如芽、叶痕等。我们常吃的马铃薯是最典型的块茎。块茎类植物地下茎呈块状，外形不整齐，表面无环状节痕，根系自块茎底部发生，顶端有几个发芽点，这类球根花卉有白头翁、花叶

芋、马蹄莲、仙客来、大岩桐、球根海棠、花毛茛、晚香玉等。

块茎是适于贮存养料和越冬的变态茎。顶部肥大，有发达的薄壁组织，贮藏丰富的营养物质。块茎的表面有许多芽眼，一般作螺旋状排列，芽眼内有 2 ~ 3 个腋芽，仅其中一个腋芽容易萌发，能长出新枝，故块茎可供繁殖之用。块茎的顶端具有一个顶芽，如马铃薯的块茎较为典型。马铃薯的地下枝条在土层中匍匐生长，当伸长 9 ~ 12 厘米时，末端膨大，形成具有短节间的肥厚块茎。在长成的块茎上，表层有周皮，上有少数皮孔。在块茎的横切面上尚可分出皮层、外韧皮部、木质部、内韧皮部和中央的髓部。从外形或构造上看，可以说明它是茎的变态。

块茎顶芽繁殖应在 3 — 4 月进行，用快刀切取带健壮顶芽的块茎 6 ~ 8 厘米长，其下有侧芽 2 ~ 3 个，作繁殖材；或利用块茎侧芽繁殖，在 3 — 4 月份，用快刀切取带侧芽的块茎 3 ~ 5 厘米长做繁殖材料。

⑤块根类

块根是由侧根或不定根的局部膨大而形成的。它与肉质直根的来源不同，因而在一棵植株上，可以在多条侧根中或多条不定根上形成多个块根。其地下主根肥大呈块状，

根系从块根的末端生出，如何首乌、大丽花等。

球根花卉的习性：

球根花卉是多年生草本花卉，从播种到开花，常需数年，在此期间，球根逐年长大，只进行营养生长。待球根达到一定大小时，开始分化花芽、开花结实。也有部分球根花卉，播种后当年或次年即可开花，如大丽花、美人蕉、仙客来等。对于不能产生种子的球根花卉，则用分球法繁殖。

球根栽植后，经过生长发育，到新球根形成、原有球根死亡的过程，称为球根演替。有些球根花卉的球根一年或跨年更新一次，如郁金香、唐菖蒲等；另一些球根花卉需连续数年才能实现球根演替，如水仙、风信子等。

球根花卉有两个主要原产地区。一是以地中海沿岸为代表的冬雨地区，包括小亚细亚、好望角和美国加利福尼亚等地。这些地区秋、冬、春降雨，夏季干旱，从秋至春是生长季，是秋植球根花卉的主要原产地区。秋天栽植，秋冬生长，春季开花，夏季休眠。这类球根花卉较耐寒、喜凉爽气候而不耐炎热，如郁金香、水仙、百合、风信子等。另一是以南非（好望角除外）为代表的夏雨地区，包括中南美洲和北半球温带，夏季雨量充沛，冬季干旱或寒冷，由春至秋为生长季。春季栽植，夏季开花，冬季休眠。此类球根花卉生长期要求较高温度，不耐寒。春植球根花卉一般在生长期（夏季）进行花芽分化；秋植球根花卉多在休眠期（夏季）进行花芽分化，此时提供适宜的环境条件，是提高开花数量和品质的重要措施。球根花卉多要求日照充足、不耐水湿（水生和湿生者除外），喜疏松肥沃、排水良好的砂质壤土。

球根花卉在园林上的应用：

球根花卉种类丰富，花色艳丽，花期较长，栽培容易，适应性强，是园林布置中比较理想的一类植物材料。荷兰的郁金香、风信子，日本的麝香百合，我国的水仙和百合等，均在世界享有盛誉。球根花卉常用于花坛、花境、岩石园、基础栽植、地被、美化水面（水生球根花卉）和点缀草坪等。球根花卉又多是重要的切花花卉，每年有大量生产，如唐菖蒲、郁金香、小苍兰、百合、晚香玉等。球根花卉还可盆栽，如仙客来、大岩桐、水仙、大丽花、朱顶红、球根秋海棠等。此外，部分球根花卉可提取香精、食用和药用等。因此，球根花卉的应

用很值得重视，尤其我国原产的球根花卉，如王百合、鸢尾类、贝母类、石蒜类等，应有重点地加以发展和应用。

球根花卉的病虫害防治：

对球根花卉常见的病、虫危害，除在生长期喷洒药剂防治外，须注意如下几点：

①选用无病虫感染的球根和种子。

②进行土壤消毒。

③栽植或播种前，对球根或种子进行处理，以杀灭病菌、虫卵（还可加入解除球根休眠的药剂，使球根迅速而整齐地萌芽）。

④球根采收后，贮藏之前要进行药剂处理。

球根花卉的采收

球根花卉停止生长后叶片呈现萎黄时，即可采球茎。采收要适时，过早球根不充实，过晚地上部分枯落，采收时易遗漏子球，以叶变黄1/2～2/3时为采收适期。采收应选晴天，土壤湿度适当时进行。采收中要防止人为的品种混杂，并剔除病球、伤球。掘出的球根，去掉附土，表面晾干后贮藏。在贮藏中通风要求不高，但对需保持适度湿润的种类，如美人蕉、大丽花等多混入湿润砂土堆藏；对要求通风干燥贮藏的种类，如唐菖蒲、郁金香、水仙及风信子等，宜摊放于底为粗铁丝网的球根贮藏箱内。

室内花卉

室内花卉指原产热带、亚热带及南方温暖地区的花卉，在北方寒冷地区栽培必须在温室内培养，或冬季需要在温室内保护越冬的花卉。

随着生活水平的提高，人们利用绿色植物进行居室绿化及装饰已成为一种时尚。最近，美国航空航天局的科学家们发现，常青的观叶植物以及绿色开花植物中，很多都有消除建筑物内有毒化学物质的作用。此次研究还发现，植物不光是靠叶子吸取物质，植物的根以及土壤里的细菌在清除有害物方面都功不可没。

室内花卉是从众多的花卉中选择出来的，并具有很高的观赏价值，比较耐荫而喜温暖，对栽培基质水分变化不过分敏感，适宜在室内环境中较长期摆放的一些花卉。室内花卉分为观果类，观花类和室内观叶植物。一般居室内最适合放置以下三种类型的植物：

能吸收有毒化学物质的植物

芦荟、吊兰、虎尾兰、一叶兰、龟背竹是天然的清道夫，可以清除空气中的有害物质。有研究表明，虎尾兰和吊兰可吸收室内80%以上的有害气体，吸收甲醛的能力超强。芦荟也是吸收甲醛的好手，可以吸收1立方米空气中所含的90%的甲醛。

常青藤、铁树、菊花、金橘、石榴、半支莲、月季花、山茶、石榴、米兰、雏菊、腊梅、万寿菊等能有效地清除二氧化硫、氯、乙醚、乙烯、一氧化碳、过氧化氮等有害物。兰花、桂花、腊梅、花叶芋、红背桂等是天然的除尘器，其纤毛能截留并吸滞空气中的飘浮微粒及烟尘。

能驱蚊虫的植物

随着天气转暖，能驱蚊的植物成了人们关注的焦点。蚊净香草就是这样一种植物，它是被改变了遗传结构的芳香类天竺葵科植物，近年才从澳大利亚引进。该植物耐旱，半年内就可生长成熟，养护得当可成活10—15年，且其枝叶的造型可随意改变，有很高的观赏价值。蚊净香草散发出一种清新淡雅的柠檬香味，在室内有很好的驱蚊效果，对人体却没有毒副作用。温度越高，其散发的香越多，驱蚊效

果越好。据测试，一盆冠幅30厘米以上的蚊净香草，可将面积为10平方米以上房间内的蚊虫赶走。另外，一种名为除虫菊的植物含有除虫菊酯，也能有效驱除蚊虫。

能杀病菌的植物

玫瑰、桂花、紫罗兰、茉莉、柠檬、蔷薇、石竹、铃兰、紫薇等芳香花卉产生的挥发性油类具有显著的杀菌作用。紫薇、茉莉、柠檬等植物，5分钟内就可以杀死白喉菌和痢疾菌等原生菌。蔷薇、石竹、铃兰、紫罗兰、玫瑰、桂花等植物散发的香味对结核杆菌、肺炎球菌、葡萄球菌的生长繁殖具有明显的抑制作用。

仙人掌等原产于热带干旱地区的多肉植物，其肉质茎上的气孔白天关闭，夜间打开，在吸收二氧化碳的同时，还能制造氧气，使室内空气中的负离子浓度增加。虎皮兰、虎尾兰、龙舌兰以及褐毛掌、伽蓝菜、景天、落地生根、栽培凤梨等植物也能在夜间净化空气。

在家居周围栽种爬山虎、葡萄、牵牛花、紫藤、蔷薇等攀援植物，让它们顺墙或顺架攀附，形成一个绿色的凉棚，能够有效地减少阳光辐射，大大降低室内温度。

丁香、茉莉、玫瑰、紫罗兰、薄荷等植物可使人放松、精神愉快，有利于睡眠，还能提高工作效率。

如何摆放室内花卉

室内花卉的摆放要根据房间大小、采光条件及个人爱好来确定。

1. 房间大而向阳的，可选放枝叶垂畅的金橘、山茶花、海棠花等，将其直接摆在地上，或置于书架之上。

2. 若房间不大，则室内花卉宜少，以 2 ～ 3 盆为宜，并选用株型小巧玲珑的，如书房内放置 1 ～ 2 盆水仙、仙人球等，卧室以米兰、茉莉点缀。理论上讲的花卉的摆设可分为点缀式、自然式、悬挂式三种：

①点缀式是把盆花陈设于窗台、书桌、茶几上，若配上考究的花盆与花瓶更佳。

②自然式是将室外自然景观与室内摆设有机结合，如将金银花、葡萄等藤本花卉摆放于阳台或窗台前，与室外自然景观相融合。

③悬挂式则是在书房、走廊等处，悬挂清雅垂吊式盆草花卉等。

园林花卉

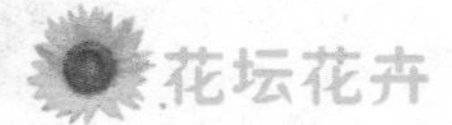

花坛花卉

花坛花卉指可以用于布置花坛的一、二年生露地花卉。比如春天开花的有三色堇、石竹；夏天花坛花卉常栽种凤仙花、雏菊；秋天选用一串红、万寿菊、九月菊等；冬天花坛内可适当布置羽衣甘蓝等。

旱生花卉

旱生花卉是指只需要很少的水分就能正常生长的花卉，这类花卉耐旱性极强，能忍受较长时间的空气或土壤的干燥而继续生活。为了适应干旱的环境，它们在外部形态上和内部构造上都产生许多适应性的变化和特征，如叶片变小或退化变成刺毛状、针状，或肉质化；表皮层角质层加厚，气孔下陷；叶表面具茸毛以及细胞液浓度和渗透压变大等，这就大大减少植物体水分的蒸腾，同时这类花卉根系都比较发达，增强了吸水力，从而更加增强了适应干旱环境的能力。

多数原产炎热干旱地区的仙人掌科、景天科花卉即属此类花卉，如仙人掌、仙人球、景天、石莲花

等。这类花卉原产于经常缺水或季节性缺水的地方，一般耐旱、怕涝，水浇多了则易引起烂根、烂茎，甚至死亡。

润土花卉

润土花卉指生长在湿度较大，排水良好的土壤里的花卉，像月季花、栀子花、桂花、大丽花、石竹花等都属于润土类花卉。润土花卉在生长季节里，每天消耗水分较多，必须注意及时向土壤里补充水分，保持温润状态。

盆栽花卉

盆栽花卉是以盆栽形式装饰室内及庭园的盆花。如木瓜海棠、扶桑、文竹、一品红、金桔等。

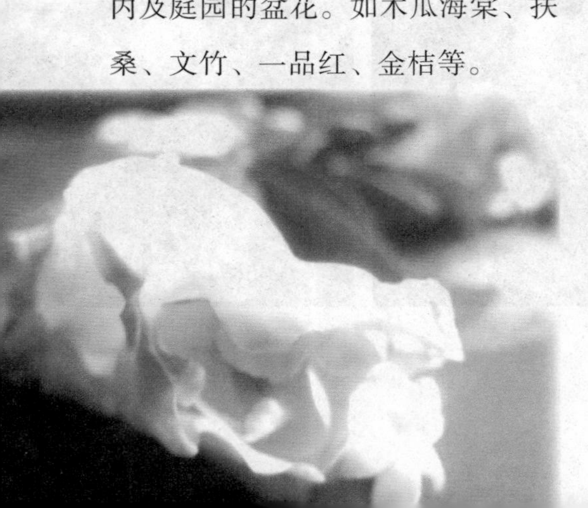

阴性花卉

阴性花卉又称喜阴花卉。这类花卉多原产于热带雨林或高山的阴面及林荫下面，生长时需光量较少，不能忍受阳光直接照射，蔽荫度要求50%左右，如秋海棠、茶花等。这类花卉只需要软弱的散射光就能良好地生长，像玉簪花、绣球花、杜鹃花等，如果把它们放在阳光下经常暴晒，反而不利其正常生长发育。

阳性花卉

需要充足的阳光照射才能开花的花卉，叫做喜阳性花卉。喜阳性花卉适合在全光照、强光照下生长。如果光照不足，就会生长发育不良，开花晚或不能开花，且花色不鲜，香气不浓。喜阳性花卉有以下几类：

（1）春季花卉

春季花卉主要有梅花、水仙、迎春、桃花、白兰玉、紫玉兰、琼花、贴梗海棠、木瓜海棠、垂丝海棠、牡丹、芍药、丁香、月季、玫瑰、紫荆、锦带花、连翘、云南黄馨、余雀花、仙客来、风信子、郁金香、马蹄莲、长春菊、天竺葵、报春花、瓜叶菊、矮牵牛、虞美人、金鱼草、美女樱等。

（2）夏秋季花卉

夏秋季花卉主要有白玉花、茉莉、米兰、九里香、木本夜来香、桂花、广玉兰、扶桑、木芙蓉、木槿、紫薇、夹竹桃、三角花、菠萝花、六月雪、大丽花、五色梅、美人蕉、向日葵、蜀葵、扶郎花、鸡蛋花、红花葱兰、翠菊、一串红、鸡冠花、凤仙花、半枝莲、雁来红、雏菊、万寿菊、菊花、荷花、睡莲等。

（3）冬季花卉。

冬季花卉有蜡梅、一品红、银柳、茶梅、小苍兰等。

经济花卉

药用花卉

例如牡丹、芍药、桔梗、牵牛、麦冬、鸡冠花、凤仙花、百合、贝母及石斛等为重要的药用植物，另外，金银花、菊花、荷花等均为常见的中药材。

中药方中三分之一中含有金银花，绞股蓝被誉为“世界四大保健品之首”。

（1）观音莲全草入药，能滋补强壮、消炎止血、止咳；治风湿劳伤，肝脾虚弱、内伤咯血、肺病咳喘、无名肿毒、调经、白带、止泻等症。

（2）红运花种球可入药：有祛痰、利尿、解毒、催吐之功。治喉风、水肿、痈疽肿毒、疔疮等病症。

（3）忽地笑鲜茎供药用。能解毒、消肿；外用治痈肿疮毒、虫疮作痒、耳下红肿、疔疮结核、烫火灼伤。

（4）虎耳草是我国传统的中

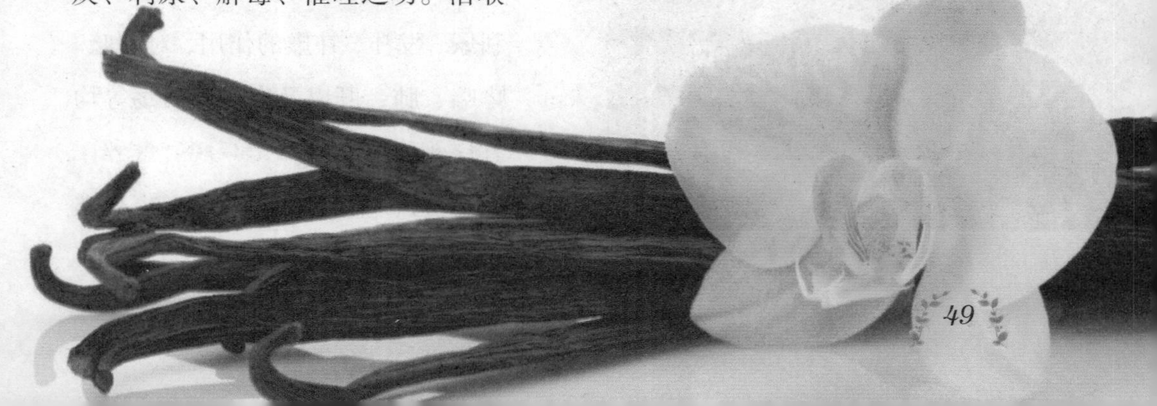

草药。

（5）玉竹根茎入药：味甘，微寒。润肺止咳、生津养胃、清热润肤。

（6）落地生根具活血、解毒、消肿，凉血、止血、生肌消炎之效。主治吐血、刀伤出血、胃痛，中耳炎，胃、十二指肠溃疡，咽喉热症、咽喉肿痛，关节炎。高血压、头痛发烧，外用治肿痛、蛇虫咬等。

（7）香蒲全株入药，能豁痰开窍，辟秽宣气，温胃除风；治消化不良，食积腹腔痛、失音不语、耳聋、耳痛、痢疾、风湿痛等症。

（8）佛座莲花苞入药，味苦涩，性寒，有收敛止血之功，治白带、红崩和大肠下血等症，茎汁液可解酒毒和草乌中毒。

（9）珍珠草全草入药，能清热平肝，解毒消肿；治肝炎痢疾、肠炎腹腔泻、尿道炎、消炎水肿、小儿疳积、夜盲、急性结膜炎、口疮、头疮、无名肿毒、目赤肿痛、眼起云雾、眼生翳等症。

（10）菊花草根可入药，具有利尿、发汗、补虚的作用，对顽咳、哮喘、肺、肝以及内伤、溃疡等均有疗效。

（11）重瓣木芙蓉花、叶具有

很好的药用价值。具有治血排脓、消肿解毒、散淤止血的功效；可治吐血、子宫出血、水火烫伤、消炎清热、疮痈肿痛、滴虫性阴道炎、肺痨久咳、急性火眼、目赤肿痛、阴囊偏坠作痛、小儿喉症、急惊、吐舌诸症、跌打损伤、无名肿毒、淋巴腺结核等。

香料花卉

香花在食品、轻工业等方面用途很广。如桂花可作食品香料和酿酒，茉莉、白兰等可熏制茶叶，菊花可制高级食品和菜肴，白兰、玫瑰、水仙花、腊梅等可提取香精。现代调制香水的原料分为人工和天然两种，而人工合成香料往往可以弥补原始香料的不足。天然的香精是香水的核心成分，每个香水师对精华油的原材料的取用很谨慎。而香料花卉是香精中最重要的一种，每种花卉精华油的原材料产地与提炼方式也各不相同，比如生长在东南亚的香油树花就必须在特

定的时间内采摘并立即着手萃取。因此萃取的设备就设在香油树的周围，蒸馏后的产品立刻被存储进大缸。下面介绍几种主要的香料花卉。

（1）玫瑰香料

玫瑰花可单独制取玫瑰油，也可用来作香料的成分。从很久很久以前开始，它就是香水业中最重要的植物。希腊女诗人莎孚把它称为“花后”。最早的品种是洋蔷薇，或者叫画师玫瑰，也就是通常所说的五月玫瑰，是原产于法国的香水专用玫瑰，不过现在人们培育出了更多的品种。比如保加利亚的喀山拉克地区就产出大量的大马士革玫瑰，还有一些品种在埃及、摩洛哥和其他地方被培育出来。现在已经可以明确的有 17 种不同的玫瑰香味。提炼 1 磅的玫瑰香油或玫瑰香精需要 1000 磅的玫瑰花，纯香精的比例更是少而又少，只有 0.03% 而已，至少有 75% 的优质香水用的是玫瑰香油。与茉莉花在白天采摘所不同的是，玫瑰花瓣在夜间时花味最浓，最适于晚上采摘。

目前玫瑰最大的产地是保加利亚，保加利亚每年产玫瑰 1200 千克，每千克玫瑰油生产要用 2000 ~ 5000 千克的花瓣。玫瑰油是制造高级香水的主要原料，保加利亚是重要的玫瑰油出口国，其产量占全世界产量的 40%。1 千克玫瑰油在国际市场上的价格是 5000 至 6000 美元，因此，玫瑰油有“液

体黄金”之称。

（2）薰衣草

薰衣草可让香水有雅致清新的芬芳。薰衣草是从希腊和罗马时代以来最主要的香水原料之一。法国曾有一段时期每年出产5000吨薰衣草。在英国，现在只有东部的诺福克郡出产这种香水原料，1公顷薰衣草大约可以出产15磅香油。薰衣草族的另一代表是巴秋莉，用其叶或茎可制造东方风味的香水。

薰衣草的盛产地在法国的普罗旺斯和日本的北海道。而法国的普罗旺斯是世界上最著名的薰衣草产地之一。每年5月至10月薰衣草花开的时节，普罗旺斯就成了薰衣草的王国，满山遍野迎风摇曳的薰衣草，映衬着普罗旺斯的乡村风景和灿烂阳光，交织出紫色的梦境。通常在这段时间，当地人都会举办“薰衣草节”。镇上的男女老少穿着上个世纪的农夫、更夫、淑女、乡绅的布衫绸服，骑坐着一百年前的脚踏车马车，牵着他们的牛羊鸡鸭，带上他们用薰衣草做的肥皂香水，塞满薰衣草花籽的药枕头和当地产的蜂蜜牛扎糖、水果、香瓜、陶器泥塑到村外的树林里摆摊子，售卖各种薰衣草产品如

香水、香薰油、干花等等，以庆祝节日。

食用花卉

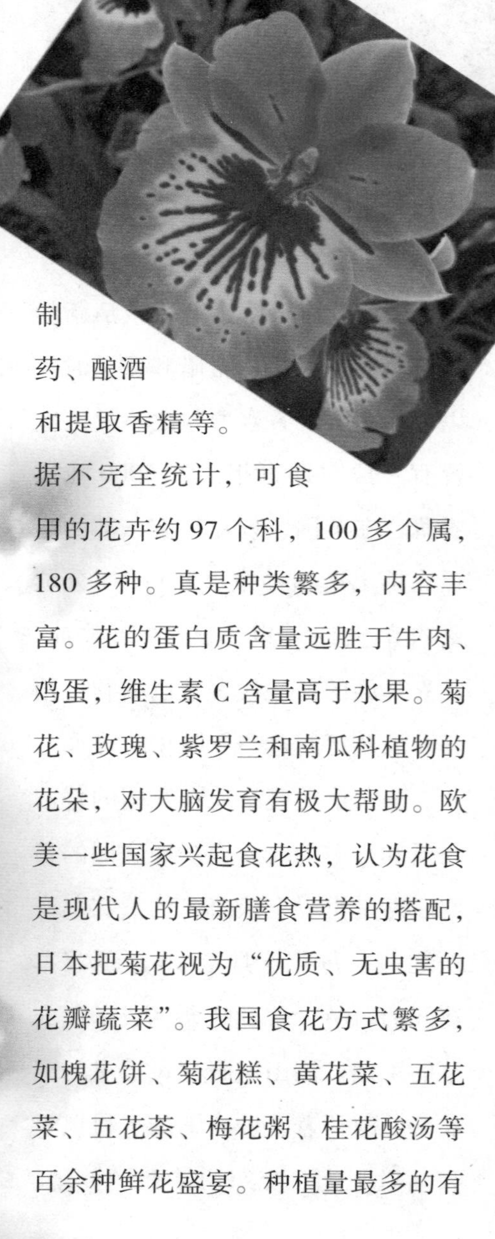

食用花卉是利用花的叶或花朵直接食用的花卉植物。不少食用花卉，不仅根、茎、叶、花以及果实可观赏，还可供食用、制药、酿酒和提取香精等。在我国可供食用的花卉品种很多，如菊花、百合、芦荟、黄花菜等，既可用作绿化苗木，又可以食用。

不少食用花卉，不仅根、茎、叶、花以及果实可观赏，还可供食用、制药、酿酒和提取香精等。据不完全统计，可食用的花卉约97个科，100多个属，180多种。真是种类繁多，内容丰富。花的蛋白质含量远胜于牛肉、鸡蛋，维生素C含量高于水果。菊花、玫瑰、紫罗兰和南瓜科植物的花朵，对大脑发育有极大帮助。欧美一些国家兴起食花热，认为花食是现代人的最新膳食营养的搭配，日本把菊花视为“优质、无虫害的花瓣蔬菜”。我国食花方式繁多，如槐花饼、菊花糕、黄花菜、五花菜、五花茶、梅花粥、桂花酸汤等百余种鲜花盛宴。种植量最多的有

玫瑰，月季、槐花、扶桑、紫苏、芙蓉、晚香玉等，食用花卉加工出的油，被称为“21世纪食用油”。

（1）荷花菜

荷花原产我国南部，属莲科，多年生水生草本。喜温暖和强光，也耐寒。地下茎肥大呈圆柱形的藕，横生于水底污泥中。叶片盾圆形全缘或波状。6月到8月开粉红或白色花，有香味。花谢后莲蓬里结出莲子。莲子除含淀粉外还有蛋白质、脂肪、天门冬素及蜜三糖等，有补身安神之功效，用它制成莲蓉月饼和八宝莲子粥，极为可口。藕可生食也可熟食，生食的藕身肥大，肉质脆嫩，水分多而甜，并有清香。还可用糯米填塞孔内，煮熟后切片食之，香糯味美不可言。藕可制淀粉，藕粉是用藕身制成的纯正产品，它较其他淀粉质地细腻，色泽美观，食用方便，营养丰富，尤其适用于老、弱、病、幼食用，为一种清血安神的滋补佳品。藕节、荷花瓣、莲蓬、荷叶等都可制药，全身是宝。

（2）菊花菜

花卉中，花色变化最复杂的首推菊花。自古以来国内外人民都十分喜爱菊花。它不仅有很高的观赏价值，还可食用和药用。

我国古代早以菊花嫩芽当菜，用洗净的花瓣拌蜜糖焙制糕点，口味清雅香甜。驰名中外的“菊花

肉”“菊花鱼片”“菊花粥”等色香味俱全，是席间上品。广东的“蛇羹”是用蛇肉加白菊花瓣制成。“菊花锅”是在美味的菜肴中掺以白菊花瓣烹煮。“菊花晶”是用杭菊加工而成。人们喜欢杭菊泡茶，可生津润喉。菊花含有维生素、菊甙、氨基酸、腺膘呤等成份，有除外感风寒解毒清热，醒脑明目之功能。可治高血压、偏头痛、急性结膜炎等。还有“菊花酒”可治头风和头晕病。

（3）梅花菜

梅花因其观赏价值很高，为国内外许多人所喜爱。它的果实可以制成各种蜜饯，受人青睐，如青梅、话梅、乌梅和梅干等。梅汁可做各种饮料和糖果，酸甜可口。“望梅止渴”是当年曹操的带兵妙计之一。酸梅膏、酸梅汤既可止渴，又可防治肠道传染病。云南的大理地区煮肉、烧鸡都用果梅做调味品，据说可增加口味鲜美。果梅去核捣烂成泥，是苏州窑上大队桂花保鲜的秘方。核仁可止咳润肺，鲜花可提取香精。

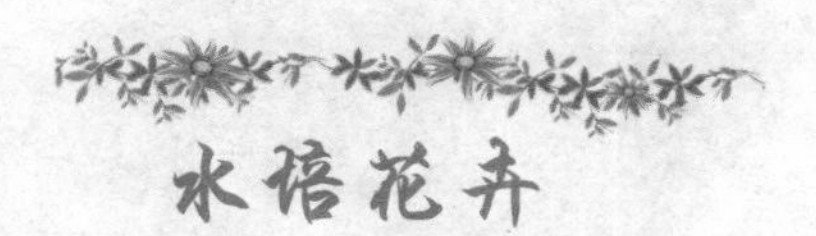

水培花卉

水培花卉是采用现代生物工程技术，运用物理、化学、生物工程手段，对普通的植物、花卉进行驯化，使其能在水中长期生长而形成的新一代高科技农业项目。水培花卉，上面花香满室，下面鱼儿畅游，卫生、环保、省事，所以水培花卉又被称为“懒人花卉”。

水培花卉通过实施具有独创性的工厂化现代生物改良技术，使原先适应陆生环境生长的花卉通过短期科学驯化、改良、培育，使其快速适应水生环境生长。再配以款式多样、晶莹剔透的玻璃花瓶为容器载体，使人们不仅可以欣赏以往花的地面部分的正常生长，还可以通过瓶体看到植物世界独具观赏价值的根系生长过程。而且还可以在透明的花瓶内养上几条小鱼，形成水中根系错综盘杂，鱼儿悠闲游畅的

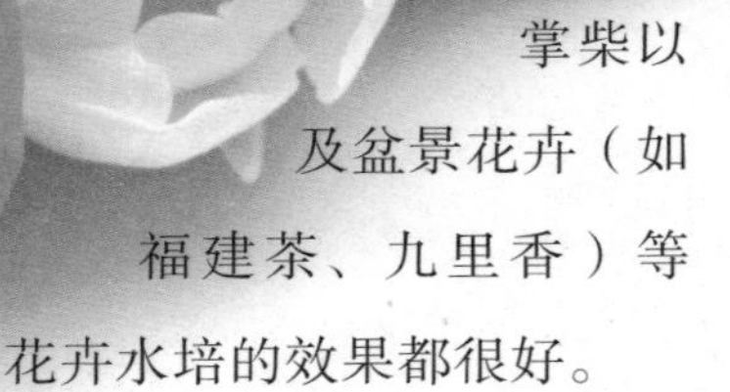

独特韵味，其景美不胜收。

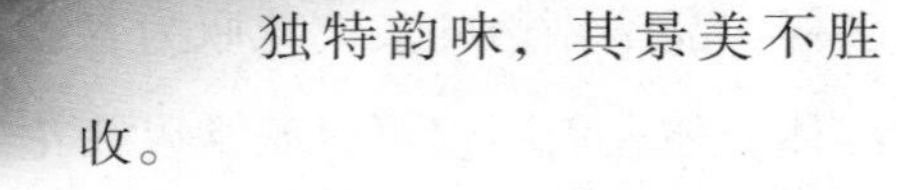

水培花卉的品种

水培花卉是一种用营养液替代泥土栽培植物的新技术。与传统的土培花卉比较，水培花卉具有清洁卫生、养护方便、可多次使用等优点，特别适合室内摆设，因而深受消费者喜爱。

香石竹、文竹、非洲菊、郁金香、风信子、菊花、马蹄莲、大岩桐、仙客来、月季、唐菖蒲、兰花、万年青、曼丽榕、巴西木、绿巨人、鹅掌柴以及盆景花卉（如福建茶、九里香）等花卉水培的效果都很好。

一般可进行水培的还有龟背竹、米兰、君子兰、茶花、月季、茉莉、杜鹃、金梧、万年青、紫罗兰、蝴蝶兰、倒挂金钟、五针松、喜树蕉、橡胶榕、巴西铁、秋海棠类、蕨类植物、棕榈科植物等。还有各种观叶植物。如天南星科的丛生春芋、银包芋、火鹤花、广东吊兰、银边万年青；景天种类的莲花掌、芙蓉掌及其他类的君子兰、兜兰、蟹爪兰、富贵竹、吊凤梨、银叶菊、巴西木、常春藤，彩叶草等百余种。

水培花卉的特点

（1）观赏性强：艺术化的花瓶，洁白的水生根系，色彩各异的基质，游弋自在的观赏鱼，集看花，观叶，观根，赏鱼等多种观赏效果于一体，动静结合。

（2）无土：病虫害少，真菌，细菌污染少。

（3）水分及养分管理更方便，养护简单化：无须经常浇水。

（4）摆设高雅化：如宾馆酒吧的服务台、会议桌、卧室，办公桌，电脑旁等地方，美化空间大大扩大。

花卉的栽培与养护

花卉的栽培方法

花卉的种植包括移植与定植。其方法是一样的，定植是种后不再移动，而移植则是在定植前的一种栽培措施，为植物改变种植距离，以适应其生长需要。

（1）移植

移植是为了扩大各类规格的苗株的株行距，使幼苗获得足够的营养、光照与空气，同时在移植时切断了幼苗的主根，可使苗株产生更多的侧根，形成发达的根系，有利其生长。

移植之前，播种的幼苗一般要

间枝疏苗，除去过密、瘦弱或有病的小苗。也可将疏下来的幼苗，另行栽植。地栽苗在4～5片真叶时做第一次移植。盆播的幼苗，常在出现1～2片真叶时就开始移植。移植的株行距视苗的大小、苗的生长速度及移植后的留床期而定。助苗移植苗床的准备与播种苗床基本相同。移植时的土壤要干湿得当，一般要在土干时移植，但土壤过分干燥时，易使幼苗萎蔫，应在种植的前一天在畦头上浇水，待上粒吸水涨干后不粘手时移植。土湿时，不仅不便操作，且在种植后土壤板结，不利幼苗生长。移植时不要压过紧，以免根部受伤，待浇水时土粒随水下沉，就可和根系密接。移植以无风阴天为好，如果天气晴朗、光强、炎热，宜在傍晚移植。移植前，要分清品种，避免混杂。挖苗时切断主根，不伤根须，尽可能带护根上移植。挖苗与种植要配合，随挖随种。如果风大，蒸发强烈，挖起幼苗要覆盖遮荫。移植穴要稍大，使根舒畅伸展。种植深度要与原种植深度一致，或再深1～2厘米。过浅易倒伏，过深则发育不好，种植后要立即充分浇水，并复浇一次，保证足量。天旱时，要边种边浇水。夏季移植初期要遮荫，以减低蒸发避免萎蔫。

（2）定植

定植包括将移植后的大苗、盆栽苗、经过贮藏的球根以及宿根花卉、本本花卉，种植于不再移动的地方。定植前，要根据植物的需要，改良土壤结构，调整酸碱度，改良排水条件，一般植物都需要肥沃、疏松而排水良好的土壤。肥料可在整地时拌入或在挖穴后施入穴底。定植时所采用的株间距离，应根据花卉植株成年时的大小，或配植要求而定。挖苗，一般应带护根土，土壤太湿或太干部不宜挖苗，带土多少视根系大小而定。落时树种在休眠期种植不必带土。常绿花木及移栽不易的种类一定要带完整的泥团，并要用草绳把泥团扎好。定植时要开穴，穴应较侍种苗的根系或泥团较大较深，将苗茎基提近土面，扶正入穴。然后将穴周土壤铲入穴内约2／3时，抖动苗株使土粒和根系密接，然后在根系外围压紧土壤，最后用松土填平土穴使其与地面相平而略凹。种后立即浇水2次。草花苗种植后，次日要复浇水。球根花卉种植初期一般不需浇水，如果过于干旱，则应浇一次透水。大株的宿根花卉和本本花卉定植时要结合进行根部修剪，伤根、烂根和枯根都要剪去。大树苗定植后，还要设立支柱，或在三对角设置绳索牵引，防止倾倒。

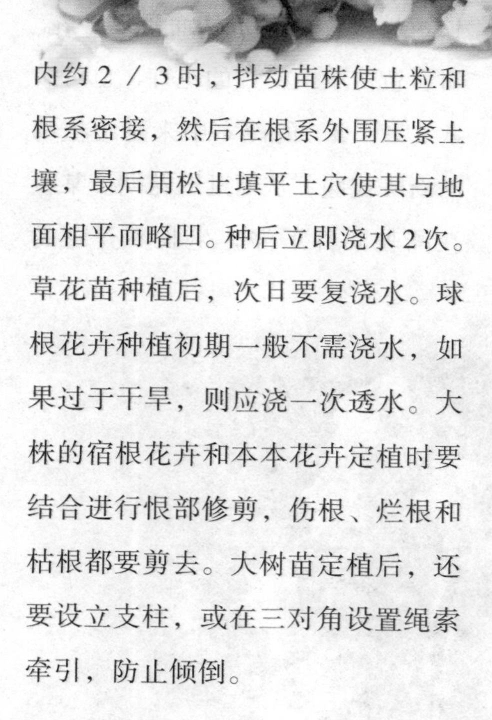

花卉的养护

（1）温度调节

多数花卉在冬季通过加温都能

提前开花。对夏季连续开花的花木如茉莉等，在春季常采用加温催芽的方法使其提前开花，在秋末降温前及时加温可延长花期。对早春气温回升前仍处于休眠状态的花木，采用人为低温(1℃～4℃)，可延长植株的休眠期，从而延迟开花。对含苞待放或初开的花卉，也可放入2℃～5℃的冷室中来延缓植物的新陈代谢，从而延迟花期。某些在酷暑条件下停止生长不开花的

花卉如倒挂金钟等，在高温季节采取降温措施可促其不断开花。利用低温对某些植物的开花可起诱导效应，对原来秋播的2年生花卉用低温处理其刚萌动的种子或幼苗，使通过春化当年即可开花。不同花卉种类或春化处理要求的温度和时间不同，一般以1℃～2℃最为有效。

（2）光照调节

光照调节包括加光、遮光及光暗颠倒等不同方法。为使长日照花卉在自然日照短的秋冬季开花，可在日落后人工加光3～4小时，辅以适当加温，延迟开花。如在白天用黑色遮光数小时，则可推迟花期。对短日照花卉如一品红等，如在傍

晚或早晨遮光数小时，可提早开花；反之，如人工增加光照数小时，则可延迟开花。此外，对于有夜间开花习性的花卉如昙花，可在昙花现蕾后，白天遮光、夜间行人工光照，可使其白天开花。

（3）水肥控制

某些球根花卉，在干燥条件下，休眠分化完善后的花芽仍停留在球根中，直至供水时才生长开花。因此可通过调节供水时间来控制开花迟早。某些花木在春夏之交花芽已分化，此时如人为造成干旱条件，促使提早落叶或剥叶，然后喷雾供水，常可于当年第2次开花。对陆续开花的草本花卉，在开花末期增施1次，可延长花期。花卉生长前期，如施氮肥过多，常会延迟开花。在植株营养生长达到一定程度后增肥，可提早开花。

（4）应用生长调节物质

在花期控制上常使用的生长调节物质以赤霉素、乙烯利和矮壮素为多，其中赤霉素促进开花的效果较为显著。常用以处理牡丹、的休眠芽，水仙、君子兰的花茎等。

除以上措施外还可利用剥除侧花蕾，从而加速主花蕾开花，摘除主花蕾促使侧花蕾开花等方法。

花期控制的各种措施中有起主导作用的，有起辅助作用的，可同时使用或先后使用。应根据植物种类、品种的不同而加以选择，同时注意其他相应措施和环境条件的配合。

第三章

趣说花卉习性和故事

植物王国里花卉品种众多，习性也各不相同，想把它们侍弄好，还得先了解一下它们的“小脾气”才行。

花卉分为耐湿性花卉和耐旱性花卉，一般来讲，凡仙人掌类、多浆类花草都耐旱怕涝，诸如仙人球、仙人掌，芦荟、令箭荷花、落地生根等；而菊花、茉莉、米兰、文竹、花叶芋、旱伞草、虎耳草、榕树、棕竹、朱蕉、一叶兰、龟背竹、橡皮树、马蹄莲、垂花凤梨、花叶鸭趾草、广东万年青和各种蕨类植物等则属于喜湿性的花卉。

另外，不同的花卉对光照的要求也是不同的。一般把它们分成阳性花卉和阴性花卉。桃花、海棠、石榴、牡丹、月季、玉兰、松类、茉莉、米兰等花卉就属阳性花卉，喜强光，而不耐庇荫，如阳光不足，叶色就会发黄；而杜鹃、山茶、绣球、桃叶珊瑚、天竺、兰花、万年青等则属于阴性花卉，它们具有较高的耐阴能力，家庭室内摆放此类花卉，最为适宜。

我国花卉栽培历史悠久，在漫长的花卉养护中，流传下了许多关于花卉的优美神奇故事，趣味横生，令人倍感趣味。

草本花卉习性

花卉的茎，木质部不发达，支持力较弱，称草质茎。具有草质茎的花卉，叫做草本花卉。

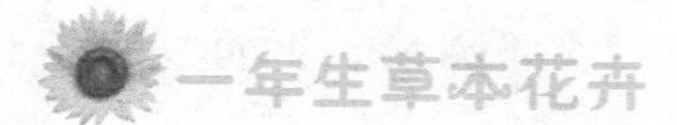

一年生草本花卉

（1）半支莲

半支莲又叫龙须牡丹、午时花、半支莲、松叶牡丹、大花马齿苋等。其为1年生肉质草本，株高15 ~ 20厘米。茎细而圆，茎叶肉质，平卧或斜生，节上有丛毛。叶散生或略集生，圆柱形，长1 ~ 2.5厘米。花顶生，直径2.5 ~ 5.5厘米，基部有叶状苞片，花瓣颜色鲜艳，有白、黄、红、紫等色。蒴果成熟时盖裂，种子小巧玲珑，银灰色。园艺品种很多，有单瓣、半重瓣、重瓣之分。

半支莲原产南美、巴西。我国各地均有栽培。半支莲大部分生于山坡、田野间。分布于黑龙江、吉林、辽宁、河北、河南、山东、安徽、江苏、浙江、湖北、江西、四川、贵州、云南、山西、陕西、甘肃、青海、内蒙古等地。

半支莲喜欢温暖、阳光充足而

干燥的环境，阴暗潮湿之处则生长不良。极耐瘠薄，一般土壤均能适应，能自播繁衍。见阳光花开，早、晚、阴天闭合，故有太阳花、午时花之名。花期 5~11 月。

半支莲不仅花色丰富、色彩鲜艳，景观效果尤其优秀。其生长强健，管理非常粗放，虽是一年生，但自播繁衍能力强，能够达到多年观赏的效果，是非常优秀的景观花种。

（2）一串红

一串红又名爆仗红，为唇形科鼠尾草属植物。一串红花序修长，色红鲜艳，花期又长，适应性强，为我国城市和园林中最普遍栽培的草本花卉。一串红为草本，茎高约80 厘米，光滑。叶片卵形或卵圆形，长 4 ~ 8 厘米，宽 2.5 ~ 6.5 厘米，顶端渐尖，基部圆形，两面无毛。轮伞花序具 2 ~ 6 花，密集成顶生假总状花序，苞片卵圆形；花萼钟形，长 11 ~ 22 毫米，绯红色，上唇全缘，下唇 2 裂，齿卵形，顶端

急尖；花冠红色，冠筒伸出萼外，长约 3.5 ～ 5 厘米，外面有红色柔毛，筒内无毛环；雄蕊和花柱伸出花冠外。小坚果卵形，有 3 棱，平滑。花期 7~10 月。上海和南京各公园常见其栽培，供观赏。

一串红原产南美巴西，喜温暖和阳光充足的环境。不耐寒，但耐半阴，忌霜雪和高温，怕积水和碱性土壤。其对温度反应比较敏感，种子发芽需要的适宜温度为 21℃ ～ 23℃，温度低于 15℃很难发芽，20℃以下发芽不整齐。幼苗期在冬季以 7℃ ～ 13℃为宜，3~6 月生长期以 13℃ ～ 18℃最好，温度超过 30℃，植株生长发育受阻，花、叶变小。因此夏季高温期，需降温或适当遮荫，来控制一串红的正常生长。一串红长期在 5℃低温下，易受冻害。

一串红是喜光性花卉，栽培场所必须阳光充足，对一串红的生长发育十分有利。若光照不足，植株易徒长，茎叶细长，叶色淡绿，如长时间光线差，叶片变黄脱落。如开花植株摆放在光线较差的场所，往往花朵不鲜艳、容易脱落。对光周期反应敏感，具短日照习性。一串红要求疏松、肥沃和排水良好的砂质壤土。而对用甲基溴化物处理土壤和碱性土壤反应非常敏感，适宜于 pH5.5 ～ 6.0 的土壤中生长。

二年生草本花卉

（1）金盏花

金盏花又名金盏菊，为菊科金盏菊属植物。金盏菊植株矮生，花朵密集，花色鲜艳夺目，花期又长，是早春园林和城市中最常见的草本花卉。

金盏菊为二年生草本，全株有毛，叶互生，长圆形。头状花序单生，花径5厘米左右，有黄、橙、橙红、白等色，也有重瓣、卷瓣和绿心、深紫色花心等栽培品种。常见品种有邦·邦，株高30厘米，花朵紧凑，花径5～7厘米，花色有黄、杏黄、橙等。吉坦纳系列，株高25～30厘米，早花种，花重瓣，花径5厘米，花色有黄、橙和双色等。卡布劳纳系列，株高50厘米，大花种，花色有金黄、橙、柠檬黄、杏黄等，具有深色花心，其中1998年的新品种米柠檬卡布劳纳，米色舌状花，花心柠檬黄色。红顶，株高40～45厘米，花重瓣，花径6厘米，花色有红、黄和红黄双色，每朵舌状花顶端呈红色。宝石系列，株高30厘米，花重瓣，花径6～7厘米，花色有柠檬黄、金黄。

其中矮宝石更为著名。另外，圣日吉它是极矮生种，花大，重瓣，花径8～10厘米。祥瑞，极矮生种，分枝性强，花大，重瓣，花径7～8厘米，还有柠檬皇后和橙王等。

金盏菊原产欧洲南部及地中海沿岸。耐寒，怕热，喜阳光充足环境。金盏菊的生长适温为7℃～20℃，幼苗冬季能耐零下9℃低温，成年植株以0℃为宜。温度过低需加薄膜保护，否则叶片易受冻害。冬季气温10℃以上，金盏菊发生徒长。夏季气温升高，茎叶生长旺盛，花朵变小，花瓣显著减少。

幼苗的金盏菊以稍湿为好，有利于茎叶生长，冬季提高抗寒能力。成年植株以稍干为宜，可以控制茎叶生长，以免引起徒长。室内或棚式栽培，空气湿度不宜过高，否则容易遭受病害，应加强通风来调节室内湿度。

金盏菊喜充足阳光，尤其冬季露地育苗或棚式栽培，均需充足日照，这样对茎叶生长十分有利，幼苗生长矮壮、整齐。如过多雨雪天，光照不足，基部叶片容易发黄，甚至根部腐烂死亡。

土壤以肥沃、疏松和排水良好的沙质壤土或培养土为宜。土壤pH以6～7最好。这样植株分枝多，

开花大而多。

（2）金鱼草

金鱼草为草本花卉，常作二年生花卉栽培。株高 20 ~ 70 厘米，叶片长圆状披针形。总状花序，花冠筒状唇形，基部膨大成囊状，上唇直立，有 2 裂，下唇 3 裂，开展外曲，有白、淡红、深红、肉色、深黄、浅黄、黄橙等色。

常见的金鱼草品种有花雨系列，四倍体种，株高 15 ~ 20 厘米，分枝性好，其中双色种更为诱人，杏黄 / 白双色种为最新品种。韵律系列，四倍体种，株高 15 ~ 20 厘米，分枝性强。塔希提，株高 20 ~ 25 厘米，色彩丰富，其中双色种有 5 种，有名的紫白和玫瑰红 / 白双色种，是矮生种开花最早的品种，提早开花 10 天。甜心株高 15 厘米，矮生杂种 1 代，重瓣花，杜鹃花型，花色丰富。小宝宝株高 30 厘米，分枝性强，杜鹃花型。铃株高 20 ~ 25 厘米，花蝴蝶型，其中红铃为新品种，在国际花卉市场十分畅销。另外，新品种有拉·贝拉，株高 45 ~ 50 厘米，分枝性强，花型美，色彩鲜艳。黑王子株高 40 ~ 45 厘米，叶褐色，花深红色。蝴蝶夫人重瓣杜鹃花型，花色有粉、深红、金黄、黄、玫瑰

红等色。

金鱼草较耐寒，不耐热，喜阳光，也耐半阴。生长适温，9月至翌年3月为7℃～10℃，3～9月为13℃～16℃，幼苗在5℃条件下通过春化阶段。高温对金鱼草生长发育不利，开花适温为15℃～16℃，有些品种温度超过15℃，不出现分枝，影响株态。金鱼草对水分比较敏感，盆土必须保持湿润，盆栽苗必须充分浇水。但盆土排水性要好，不能积水，否则根系腐烂，茎叶枯黄凋萎。土壤宜用肥沃、疏松和排水良好的微酸性沙质壤土。

金鱼草对水分比较敏感，盆土必须保持湿润，盆栽苗必须充分浇水。但盆土排水性要好，不能积水，否则根系腐烂，茎叶枯黄凋萎。金鱼草为喜光性草本，阳光充足条件下，植株矮生，丛状紧凑，生长整齐，高度一致，开花整齐，花色鲜艳。半阴条件下，植株生长偏高，花序伸长，花色较淡。金鱼草对光照长短反应不敏感，如花雨系列金鱼草对日照长短几乎不敏感。土壤宜用肥沃、疏松和排水良好的微酸性沙质壤土。

多年生草本花卉

多年生草本花卉特指能存活两年以上的草本花卉。多年生草本花卉生长期在二年以上，它们的共同特征是都有永久性的地下部分（地下根、地下茎），常年不死。但它们的地上部分（茎、叶）却存在着两种类型：有的地上部分能保持终年常绿，如文竹、四季海棠、虎皮

掌等；有的地上部分，是每年春季从地下根际萌生新芽，长成植株，到冬季枯死。如美人蕉、大丽花、鸢尾、玉簪、晚香玉等。

（1）四季海棠

四季海棠为秋海棠科秋海棠属，原产巴西，多年生草本植物，又称秋海棠、虎耳海棠、瓜子海棠。四季海棠在传统生产中是作为一种多年生的温室盆花。近年人们将其应用于花坛布置，效果极佳。随着一些相对耐热品种的出现，四季海棠在我国很有可能成为最主要的花坛花卉之一，其具有株型圆整、花多而密集、极易与其它花坛植物配植、观赏期长等优点，因而越来越受到欢迎。一般为春秋两季栽培。

四季海棠为多年生常绿草本，茎直立，稍肉质，高 25 ~ 40 厘米，有发达的须根；叶卵圆至广卵圆形，基部斜生，绿色或紫红色；雌雄同株异花，聚伞花序腋生，花色有红、粉红和白等色，单瓣或重瓣，品种甚多。

四季海棠性喜阳光，稍耐荫，怕寒冷，喜温暖，稍阴湿的环境和湿润的土壤，但怕热及水涝，夏天注意遮荫，通风排水。

（2）美人蕉

美人蕉别名兰蕉、昙华，为多年生直立草本，高 1 ~ 2 米，植株无毛，有粗壮的根状茎。美人蕉为

姜目，美人蕉科。花期在夏秋季，花色有白、红、黄、杂色，原产印度，现在我国南北各地常有栽培。

美人蕉为多年生球根草本花卉。根茎肥大，地上茎肉质，不分枝。茎叶具白粉，叶互生，宽大，长椭圆状披针形，阔椭圆形。总状花序自茎顶抽出，花径可达20厘米，花瓣直伸，具四枚瓣化雄蕊。花色有乳白、鲜黄、橙黄、桔红、粉红、大红、紫红、复色斑点等50多个品种。花期在北方为6～10月，南方全年。

美人蕉性喜温暖和充足的阳光，不耐寒，霜冻后花朵及叶片会凋零。其生长要求土壤深厚、肥沃，盆栽要求土壤疏松、排水良好，生长季节要经常施肥。北方需在下霜前将地下块茎挖起，贮藏在温度为5℃左右的环境中。其花大色艳、色彩丰富，株形好，栽培容易。露地栽培的最适温度为13℃～17℃。

对土壤要求不严，在疏松肥沃、排水良好的沙壤土中生长最佳，也适应于肥沃粘质土壤生长。江南可在防风处露地越冬，美人蕉可分株繁殖或播种繁殖，分株繁殖在4～5月间芽眼开始萌动时进行，将根茎每带2～3个芽为一段切割分栽。

美人蕉在温暖地区无休眠期，可周年生长，在22℃～25℃温度下生长最适宜；5℃～10℃将停止生长，低于0℃时就会出现冻害。一般生长在长江流域以南，露地稍加覆盖就可安全越冬；长江以北，初冬茎叶经霜后就会凋萎，因此霜降前后，应剪掉地面上的茎叶，掘起根茎，晾2～3天，并除去表面水分，平铺在室内，覆盖河沙或细泥，保持8℃以上室温，待次年春季终霜后种植。也可在2月以后进行催芽分割移栽。美人蕉因喜湿润，忌干燥，在炎热的夏季，如遭烈日直晒，或干热风吹袭，会出现叶缘焦枯；浇水过凉也会出现同样现象。

木本花卉习性

花卉的茎，木质部发达，称木质茎。具有木质的花卉，叫做木本花卉。木本花卉主要包括乔木、灌木、藤本三种类型。

乔木花卉

乔木花卉主干和侧枝有明显的区别，植株高大，多数不适于盆栽。其中少数花卉如桂花、白兰、柑桔等亦可作盆栽。

（1）桂花

桂花为木犀科木犀属，又名“月桂”“木犀”，俗称“桂花树”。桂花是常绿灌木或小乔木，为温带树种。花簇生，花冠分裂至基乳有乳白、黄、橙红等色。我国有包括衢州市、汉中市在内的20多个城市以桂花为市花或市树。

桂花叶对生、革质，花序簇生于叶腋，花期9～10月，果期次年3～4月。桂花适应于亚热带气候广大地区。性喜温暖、湿润。种植地区平均气温为

14 ~ 28 ℃，7 月平均气温 24 ~ 28 ℃，1 月平均气温 0 ℃以上，能耐最低气温 -13℃，最适生长气温是 15 ~ 28℃。湿度对桂花生长发育极为重要，要求年平均湿度 75% ~ 85%，年降水量 1000 毫米左右，特别是幼龄期和成年树开花时需要水分较多，若遇到干旱会影响开花，强日照和荫蔽对其生长不利，一般要求每天 6 ~ 8 小时光照。

桂花喜温暖环境，宜在土层深厚，排水良好，肥沃、富含腐殖质的偏酸性砂质土壤中生长。不耐干旱瘠薄，在浅薄板结贫瘠的土壤上，生长特别缓慢，枝叶稀少，叶片瘦小，叶色黄化，不开花或很少开花，甚至有周期性的枯顶现象，严重时桂花整株死亡。它喜阳光，但有一定的耐阴能力。幼树时需要有一定的蔽荫，成年后要求要有相对充足的光照，才能保证桂花的正常生长。据观察，桂花单株树冠的一侧贴近墙面，或两棵桂花的树冠相互重叠时，贴近墙面的一侧或交错重叠的那部分树冠，很快变得稀疏，影响整个树冠的形体与美观。可见，桂花适宜栽植在通风透光的地方。桂花喜欢洁净通风的环境，不耐烟尘危害，受害后往往不能开花。畏淹涝积水，若遇涝渍危害，则根系发黑腐烂，叶片先是叶尖焦枯，随后

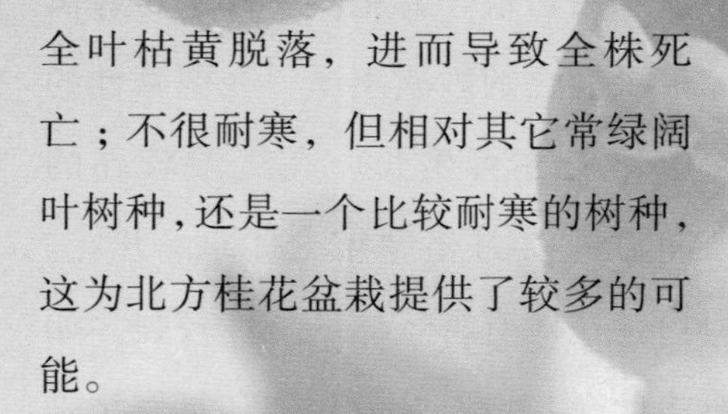

全叶枯黄脱落，进而导致全株死亡；不很耐寒，但相对其它常绿阔叶树种，还是一个比较耐寒的树种，这为北方桂花盆栽提供了较多的可能。

（2）白兰

白兰又名白兰花、白玉兰、把兰、缅桂，属木兰科、含笑属常绿乔木，白兰花原产印度尼西亚、菲律宾、马来半岛等地，我国引种约有百年历史。云贵、广东、广西、福建、四川盛产白兰，南京、苏州、上海、杭州、奉化有较长的栽培历史。白兰花根肉质，富含水分。树干灰白色，分枝稀，嫩枝浅绿色，有光泽绒毛。叶面平滑有光泽，背面茶绿色，侧脉显著。单叶互生，长椭圆形，长 15 ~ 22 厘米，浅绿，革质，有光泽。花单生于叶腋间，有短梗，有 12 片花瓣，白色。白兰 5 月下旬开始开花，香气浓郁，是著名的香花树种。白兰的花含有

芳樟醇、苯乙醇、甲基丁香酚等成分，经收集后可供作熏茶、酿酒或提炼香精。有些白兰香型的香水、

润肤霜、雪花膏都常用白兰花为配料。白兰花除用作观赏和佩戴装饰外，还是制作花茶和提取香精的重要原料。同时白兰也是一种中草药，能行气化浊、止咳，主治前列腺炎、妇女白带、小儿支气管炎、虚劳久咳等。

白兰原产喜马拉雅地区，现北京及黄河流域以南均有栽培。古时多在亭、台、楼、阁前栽植。现多见于园林、厂矿中孤植、散植，或于道路两侧作行道树。北方也有将白兰作桩景盆栽。

白兰花性喜光，较耐寒，可露地越冬。爱高燥，忌低湿，栽植地渍水易烂根。喜肥沃、排水良好而带微酸性的砂质土壤，在弱碱性的土壤上亦可生长。在气温较高的南方，12 月至翌年 1 月即可开花。白兰花对有害气体的抗性较强。如将此花栽在有二氧化硫和氯气污染的工厂中，具有一定的抗性和吸硫的能力。用二氧化硫进行人工熏烟，1 千克干叶可吸硫 1.6 克以上。因此，白兰花是大气污染地区很好的防污染绿化树种。

灌木花卉

灌木花卉的主干和侧枝没有明

显的区别，呈丛生状态，植株低矮、树冠较小，其中多数在适于盆栽。如月季花、贴梗海棠、栀子花、茉莉花等。

（1）月季花

花中皇后月季又称“月月红”，自然花期5至11月，开花连续不断。月季花种类主要有切花月季、食用月季、藤本月季、大花月季、丰花月季、微型月季、树状月季、地被月季等。月季花属蔷薇科，是一种低矮直立的落叶灌木，奇数羽状复叶，小叶3～5片。夏季开花，有红色，也有淡红色，偶尔还开出白色。产于我国，久经栽培，供观赏。花、根和叶还有药用功能，活血祛瘀，拔毒消肿，主治月经不调。月季品种众多，目前已达两万种，名列世界花卉前茅。

月季花常数朵簇生，单瓣，粉红色，微香。原产我国，栽培历史悠久，素有“花中皇后”之称。月季花姿绰约，色彩艳丽，香味浓郁，花期特长，适应性广，是世界最主要的切花和盆花之一。

月季适应性强，耐寒耐旱，对土壤要求不严，但以富含有机质、排水良好的微带酸性沙壤土最好。喜光，但过多强光直射又对花蕾发育不利，花瓣易焦枯，喜温暖，一般气温在22℃～25℃最为适宜，夏季高温对开花不利。

月季喜日照充足，空气流通，排水良好而避风的环境，盛夏需适当遮荫。多数品种最适温度白昼为15℃～26℃，夜间为10℃～15℃。较耐寒，冬季气温低于5℃即进入休眠。如夏季高温持续30℃以上，则多数品种开花减少，品质降低，进入半休状态。一般品种可耐－15℃低温。要求富含有机质、肥沃、疏松之微酸性土壤，但对土壤的适应范围较宽。空气相对湿度宜75%～80%，但稍干、稍湿也可。有连续开花的特性。需要保持空气流通，无污染，若通气不良易发生白粉病，空气中的有害气体，如二氧化硫，氯，氟化物等均对月季花有毒害。

（2）栀子花

栀子花又名栀子、黄栀子，原产我国。喜温暖湿润和阳光充足环境，较耐寒，耐半阴，怕积水，要求疏松、肥沃和酸性的沙壤土。属茜草科、栀子属。

常绿灌木。小枝绿色，叶对生，革质呈长椭圆形，有光泽。花腋生，有短梗，肉质。果实卵状至长椭圆状，有 5 ~ 9 条翅状直棱，1 室；种子很多，嵌生于肉质胎座上。5—7 月开花，花、叶、果皆美，花芳香四溢。根、叶、果实均可入药，有泻火除烦，清热利尿，凉血解毒之功效。

栀子性喜温暖湿润气候，不耐寒；好阳光但又不能经受强烈阳光照射，宜在稍蔽荫处生活；适宜生长在疏松、肥沃、排水良好、轻粘性酸性土壤中，是典型的酸性花卉。

栀子花性喜温暖，湿润，好阳光，但又要避免阳光强烈直射，喜空气温度高而又通风良好，要求疏松、肥沃、排水良好的酸性土壤，不耐寒，耐半阴，怕积水，在东北、华北、西北只能作温室盆栽花卉。栀子对二氧化硫有抗性，并可吸硫净化大气，0.5 千克叶片可吸硫 0.002 ~ 0.005 千克。

藤本花卉

藤本花卉枝条一般生长细弱，不能直立，通常为蔓生，因此叫做藤本花卉。如迎春花、金银花等。在栽培管理过程中，通常要为藤本花卉设置一定形式的支架，让藤条附着生长。

（1）迎春花

迎春花又名金梅、金腰带、清明花、金腰儿、小黄花，是木犀科落叶灌木，因其在百花之中开花最早，花后即迎来百花齐放的春天而得名。它与梅花、水仙和山茶花统称为“雪中四友”，是我国名贵花卉之一。迎春花不仅花色端庄秀丽，气质非凡，而且具有不畏寒威、不择风土、适应性强的特点，历来为人们所喜爱。

迎春花为落叶灌木，老枝灰褐色，嫩枝绿色，枝条细长，四菱形。叶对生，小叶 3 枚或单叶。花着生叶腋，黄色，花冠 5 裂，先叶开放，具清香。花期 3 ~ 5 月，可持续 50 天之久，浆果黑紫色。迎春花枝条细长，呈拱形下垂生长，长可达 2 米以上。侧枝健壮，四菱形，绿色。三出复叶对生，长 2 ~ 3 厘米，小

叶卵状椭圆形，表面光滑，全缘。花单生于叶腋间，花冠高脚杯状，鲜黄色，顶端6裂，或成复瓣。

迎春花喜光，稍耐阴，略耐寒，怕涝，在华北地区和鄢陵均可露地越冬，要求温暖而湿润的气候，疏松肥沃和排水良好的沙质土，在酸性土中生长旺盛，碱性土中生长不良。根部萌发力强。枝条着地部分极易生根。

（2）金银花

金银花为中药材和植物的统称。植物金银花又名忍冬，为忍冬科多年生半常绿缠绕木质藤本植物。“金银花”一名出自《本草纲目》，由于忍冬花初开为白色，后转为黄色，因此得名金银花。

金银花自古被誉为清热解毒的良药。它性甘寒气芳香，甘寒清热而不伤胃，芳香透达又可祛邪。金银花既能宣散风热，还善清解血毒，用于各种热性病，如身热、发疹、发斑、热毒疮痈、咽喉肿痛等症，均效果显著。

金银花生于山坡灌丛或疏林中、乱石堆、山足路旁及村庄篱笆边，最长的可达1500米。也常栽培，日本和朝鲜也有分布。在北美洲逸生成为难除的杂草。《神农本草经》称其“凌冬不凋”。在我国，北起

东三省，南到广东、海南，东从山东，西到喜马拉雅山均有分布，故农谚讲："涝死庄稼旱死草，冻死石榴晒伤瓜，不会影响金银花"。

金银花为多年生半常绿缠绕木质藤本，长达9米。茎中空，多分枝，幼枝密被短柔毛和腺毛。叶对生；叶柄长4～10厘米，密被短柔毛；叶纸质，叶片卵形、长圆卵形或卵状披针形，长2.5～8厘米，宽1～5.5厘米，先端短尖、渐尖或钝圆，基部圆形或近心形，全缘，两面和边缘均被短柔毛。花成对腋生，花梗密被短柔毛和腺毛；总花梗通常单生于小枝上部叶腋，与对柄等长或稍短，生于下部者长2～4厘米，密被短柔毛和腺毛；苞片2枚，叶状，广卵形或椭圆形，长约3.5毫米，被毛或近无毛；小苞片长约1毫米，被短毛及腺毛；花萼短小，萼筒长约2毫米，无毛，5齿裂，裂片卵状三角形或长三角形，先端尖，外面和边缘密被毛；花冠唇形，长3～5厘米，上唇4浅裂，花冠筒细长，外面被短毛和腺毛，上唇4裂片先端钝形，下唇带状而反曲，花初开时为白色，2～3天后变金黄色；雄蕊5，着生于花冠内面筒口附近，伸出花冠外；雌蕊1，子房下位，花柱细长，伸出。浆果球形，直径6～7毫米，成熟时蓝黑色，有光泽。花期4～7月，果期6～11月。喜温和湿润气候，喜阳光充足，耐寒、耐旱、耐涝，适宜生长的温度为20℃～30℃，对土壤要求不严，耐盐碱。但以土层深厚疏松的腐殖土栽培为宜。

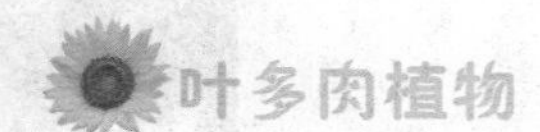

多肉植物习性

多肉植物亦称多浆植物、肉质植物，在园艺上有时称多肉花卉，但以多肉植物这个名称最为常用。多肉植物是指植物营养器官的某一部分，如茎或叶或根(少数种类兼有两部分)具有发达的薄壁组织用以贮藏水分，在外形上显得肥厚多汁的一类植物。它们大部分生长在干旱或一年中有一段时间干旱的地区，每年有很长的时间根部吸收不到水分，仅靠体内贮藏的水分维持生命。有时候人们喜欢把这类植物称为沙漠植物或沙生植物，这是不太确切的。多肉植物确实有许多生长在沙漠地区，但却不是都生长在沙漠，沙漠里也还生长着许多不是多肉植物的植物。

按照贮水组织在多肉植物中的不同部位，可分为三大类型：

叶多肉植物

叶多肉植物叶高度肉质化，而茎的肉质化程度较低，部分种类的茎带一定程度的木质化。如番杏科、景天科、百合科和龙舌兰科的种类。

（1）生石花

生石花又名石头玉，属于番杏科，生石花属（或称石头草属）物种的总称，被喻为“有生命的石头”。因其形态独特、色彩斑斓，成为很

受欢迎的观赏植物。

生石花为多年生小型多肉植物。茎很短，常常看不见。变态叶肉质肥厚，两片对生联结而成为倒圆锥体。品种较多，各具特色。3 ~ 4年生的生石花秋季从对生叶的中间缝隙中开出黄、白、红、粉、紫等色花朵，多在下午开放，傍晚闭合，次日午后又开，单朵花可开 7 ~ 10天。开花时花朵几乎将整个植株都盖住，非常娇美。花谢后结出果实，可收获非常细小的种子。生石花形如彩石，色彩丰富，娇小玲班，享有“有生命的石头”的美称。

生石花茎呈球状，依品种不同，其顶面色彩和花纹各异，但外形很像卵石。秋季开大型黄色或白色花，状似小菊花。

生石花全株肉质，茎很短。肉质叶对生联结，形似倒圆锥体。有淡灰棕、蓝灰、灰绿、灰褐等颜色，顶部近卵圆，平或凸起，上有树枝状凹纹，半透明。花由顶部中间的一条小缝隙长出，黄或白色，一株通常只开1朵花(少有开2 ~ 3朵)，午后开放，傍晚闭合，可延续4 ~ 6

天，花径 3 ~ 5 厘米，花后易结果实和种子。

为了适应环境，生石花便由双子叶植物演进成多肉化的典型球叶植物，靠皮层内贮水组织保存难得的一点水分生存。其顶面称为“窗”，窗内有叶绿素进行光合作用。顶部略平，中间有一道缝隙，3 ~ 4 年生的植株在秋季就是从这个缝隙里开出黄、白或粉色的花朵。

生石花喜阳光，生长适温为 20℃ ~ 24℃，春秋季节宜放在南向阳台上或窗台上培养，此时正是其生长旺盛期，宜每隔 3 ~ 5 天浇 1 次水，促使生长和开花。生石花的生长规律是 3 ~ 4 月间开始生长，高温季节暂停生长，进入夏季休眠期，秋凉后又继续生长并开花，花谢之后进入越冬期。

（2）雨露

玉露是百合科十二卷属植物中的“软叶系”品种。该系品种繁多，比较常见的有草玉露、玉章、姬玉露、大型玉露、毛玉露、有刺玉露等。玉露植株玲珑小巧，种类丰富，叶色晶莹剔透，富于变化，如同有生命的工艺品，非常可爱，是近年来人气较旺的小

型多肉植物品种之一。

玉露为多年生肉质草本植物，植株初为单生，以后逐渐呈群生状。肉质叶呈紧凑的莲座状排列，叶片肥厚饱满，翠绿色，上半段呈透明或半透明状，称为“窗”，有深色的线状脉纹，在阳光较为充足的条件下，其脉纹为褐色，叶顶端有细小的“须”。有松散的总状花序，小花白色。

雨露原产南非。叶片晶莹剔透，如同玉石雕刻而成，奇特而美丽，用小盆栽种点缀案头书桌、窗台等处，清新典雅，如同有生命的工艺品，很有特色。

雨露喜阳或温暖干燥的半阴环境，耐干旱，怕积水。要求有一定的空气湿度，春、秋季节的生长期浇水掌握“见干见湿”，空气干燥时向植株喷水，以增加空气湿度，使叶片肥美，每月施一次薄肥。夏季高温时避免烈日暴晒，注意通风良好。冬季给予充足的光照，室内保持盆土干燥在宁波可安全越冬。盆土要求疏松肥沃，透气性良好，并有一定的颗粒度。分株、叶插或播种繁殖。

茎多肉植物

茎多肉植物的贮水组织主要分布在茎部，部分种类茎分节、有棱和疣突，少数种类具稍带肉质的叶，但一般早落。茎多肉植物以大戟科和萝藦科的多肉植物为代表。

（1）丽钟阁

丽钟阁又称丽钟角，为萝藦科、丽钟角属多肉植物。植株丛生，深绿色肉质茎圆柱状，高约20厘米，直径1.5厘米至2厘米，具棱10个至14个，棱上密生紫色小疣突，疣突先端有3根白色刺状硬毛，其中向下的两根呈八字形分开。花着生于嫩茎的基部，花朵钟状，花筒长9厘米至14厘米，直径4厘米至5厘米，黄绿色，具红褐色斑纹，夏秋季节开放。

丽钟阁原产非洲西南部的热带干旱地区，喜欢温暖干燥和阳光充足的环境，耐干旱和半阴，不耐寒，忌阴湿。生长适温20℃至30℃，掌握“不干不浇，浇则浇透”的原则，给予充足的阳光，不可使光线忽强忽弱，否则会使肉质茎粗细不均。每20天至30天施一次腐熟的稀薄液肥或“低氮高磷钾”的复合肥。夏季要求通风良好，土壤不宜

过湿，以免肉质茎腐烂，遮光与否要求不严。冬季放在室内阳光充足处，宜保持10℃以上的室温，如果保持盆土干燥，也能耐5℃的温度。每2年至3年的春季换盆一次，盆土要求疏松肥沃，并具有良好的排水性，可用腐叶土、园土各1份，蛭石或粗沙2份，另加少量的骨粉、草木灰作基肥，混匀后使用。

丽钟阁的繁殖可结合春季换盆进行分株，也可在生长季节选取健壮的肉质茎稍晾干后，在素沙土中进行扦插。还可在3至4月进行播种，播后3天左右种子即可发芽，但幼苗管理要小心，否则很容易腐烂。因此常用同科植物中的大花犀角、国章等作砧木，以平接的方法对实生苗进行嫁接，效果很好。丽钟阁植株玲珑可爱，形态酷似某些品种的柱状仙人掌，花形、花色也很别致，适合盆栽装饰桌案、几架、窗台等处。

（2）佛头玉

佛头玉原产非洲南部。植株无叶，具肉质茎，肉质茎幼时球状，以后逐渐呈圆柱形，质地柔嫩，表

皮灰绿色，有密集的三角形或半球形、圆锥形疣突，形似佛像头部的螺形发旋，“佛头玉”之名也因此而得。花生于植株上部的疣突中间，花冠呈平展的浅碟状，五裂，淡黄色至黄绿色，上有深紫色斑点，花期6～8月，尤以6月为盛。

佛头玉宜温暖、干燥和阳光充足的环境，要求通风良好，稍耐半阴，耐干旱，忌土壤过于潮湿。不耐寒，也怕酷热，在冬季温暖、夏季凉爽的条件下生长良好。夏季高温时植株呈休眠或半休眠状态，肉质茎虽然不再生长，但有花朵陆续开放。可移至光线明亮，又无直射阳光处养护，可稍浇点水，但不宜过量，加强通风，防止因闷热潮湿引起的植株腐烂。冬季寒冷时植株也处于休眠状态，要求有充足的阳光，严格控制浇水，温度不可低于10℃。3～5月以及9～11月为植株的生长期，给予充足而稳定的光照，经常转动花盆，使植株的每一部分都能得到均匀的阳光，以防肉质茎长歪；若光照时强时弱，会使植株粗细不匀。影响观赏。浇水做到“干透浇透”，注意防止雨淋，每月施一次腐熟的稀薄液肥或复合肥。每年的春季或秋季换盆一次，盆土要求疏松肥沃，含有适量的石灰质，并有良好的排水性。可用腐叶土3份、园土1份、粗沙或蛭石3份，

并加少量的骨粉混合配制。

茎干状多肉植物

茎干状多肉植物的肉质部分集中在茎基部，而且这一部位特别膨大。因种类不同而膨大的茎基形状不一，但以球状或近似球状为主，有时半埋入地下，无节、无棱、无疣突。有叶或叶早落，叶直接从膨大茎基顶端或从突然变细的、几乎不带肉质的细长枝条上长出，有时这种细长枝也早落。以薯蓣科、葫芦科和西番莲科的多肉植物为代表。

（1）酒瓶兰

酒瓶兰属观叶植物，在原产地可高达2 ~ 3米，盆栽种植的一般0.5 ~ 1.0米。其地下根肉质，茎干直立，下部肥大，状似酒瓶；膨大茎干具有厚木栓层的树皮，呈灰白色或褐色。叶着生于茎于顶端，细长线状，革质而下垂，叶缘具细锯齿。老株表皮会龟裂，状似龟甲，颇具特色。叶线形，全缘或细齿缘，软垂状，开花白色。生命力特强，成株适合庭植，幼株适合盆栽，可移至室内观赏。

酒瓶兰原产墨西哥西北部干旱地区，现我国长江流域广泛栽培，北方多作盆栽。50%的酒瓶兰性喜阳光，一年四季均可直射，即使酷暑盛夏，在骄阳下持续暴晒，叶片也不会灼伤。但不耐寒，北方需在霜降前入室，置于温暖向阳处。室温以10℃左右为宜，如低于5℃，须对酒瓶兰采取防寒保暖措施，以防冻害。温带地区清明至谷雨之间出室，寒冷地区则在立夏之后。由于酒瓶兰较耐旱，浇水不宜过多，否则易烂根。春、秋季须见干见湿，夏季保持湿润，冬季见土干时再浇水。生长季节，室外养时每半个月施一次稀薄液肥；室内养时宜施颗粒肥料，以免污染空气。盆栽宜用肥沃的沙质土，用园土、腐叶土及粗沙等量配制。每年春季或秋后换盆换土，保持盆土通透性。无论上盆或换盆，宜将基部膨大部位露出土外，供人观赏。花盆以方形或六角形为好，大小深浅要适度，沙盆或釉盆、塑盆均可，颜色需与茎叶相匹配。酒瓶兰生性强健，有较强的免疫力，极少发生病虫害。夏

季高温、干旱，偶有介壳虫与红蜘蛛发生。入夏后须将植株放在空气流通之处，并经常向植株及地面喷水，以降低温度，增加空气湿度。一旦发生虫害，可分别用20%三氯杀螨醇1000倍液、50%杀螟松1000 ~ 1500倍液喷杀。

（2）龟甲龙

龟甲龙为观赏型植物，因成株后表皮龟裂，类似龟甲而得名。龟甲龙分为南非夏眠型和墨西哥冬眠型两种。龟甲龙为茎基部膨大型多肉植物的典型代表，非常奇特而珍稀。

龟甲龙植株具半圆形茎干，最大直径可达1米，茎干表面有很厚的、龟裂成六角状的瘤块或近似六角状的木栓质树皮，瘤块上有许多同心的多边形皱纹，犹如树木的年轮。木栓层是一种保护组织，它不透水，不透气，富有弹性，可以有效的保护内部组织，防止植物体内水分的散失，并有降低植株体内温度的作用。由于有很厚的木栓层保护，使动物难以啃食，起着有效的自我保护作用。

龟甲龙块根浅褐色，幼苗时呈

球型，成株后表皮有龟裂，形成许多独立小块，如石头堆栈状，宛如龟甲，其名便由此而来。茎绿色，蔓性，长 1 ~ 2 米。叶心形三角状，长 6 ~ 7 厘米。花为雌雄异株，细小，10 ~ 15 朵成串开放，会发出如糖果般的淡淡香味，但雌株数量比雄株少。

龟甲龙原产南非开普省，因为原生地夏季相当干燥，故于冬季生长，夏季休眠，为“冬型种”。但是，有一种原产于墨西哥的龟甲龙，其茎干性状几乎和龟甲龙相同，却于夏季生长，冬季休眠，为“夏型种”。两者的生长习性刚好相反，故栽培前需仔细区别。两者最大的不同就在叶片的差异，墨西哥龟甲龙的叶片呈肾型，长 8 ~ 10 厘米，叶尖明显较南非龟甲龙长。

南非龟甲龙是“冬型种”植物，具有冬季冷凉季节生长，夏季高温休眠的习性。宜温暖、干燥和阳光充足的环境。夏季的休眠期龟甲龙茎干上通常只有枯干的蔓生茎，有时也会抽出细而长的蔓生茎，但不长叶，应避免烈日暴晒，将植株放在通风凉爽处养护，在土壤过于干燥时，可偶尔浇点水，但要防止土壤过湿。

当秋季天气转凉时，龟甲龙叶片会逐渐长大，蔓生茎也随着伸长，并可能出现分枝，此时可多浇些水，以保持土壤湿润，并适当施些稀薄液肥，平时放在阳光处养护。

冬季如果能保持15℃以上，并有充足的光照，龟甲龙植株继续生长，应正常浇水、施肥。10℃左右时植株生长停滞，但不落叶，水分、养分消耗减少，要停止施肥，浇水也要谨慎，并选择温度相对较高的晴天中午浇水，用水也不能过于冷凉，以手伸进去不感到过于冰冷为宜，白天多见阳光，夜晚注意保温，尽量不让其落叶，这样茎干会越长越大，并更加充实坚硬。

当温度继续下降时，龟甲龙植株就会落叶，此时要严格控制浇水，只要茎干不软腐，等天气转暖后仍会萌发新的枝叶。5℃以下就很容易受冻害，若长期低温潮湿则会导致植株死亡。

我国十大名花习性面面观

花的生长习性，主要包括对温度、湿度，阳光照射程度、水分、空气、养料等的要求，各种类型的花大致都是如此，通过这些名花的展示，大家就可以对花的习性有些了解。

国色天香——牡丹

牡丹是重要的观赏植物，原产于我国西部秦岭和大巴山一带山区，汉中是我国最早人工栽培牡丹的地方。牡丹以洛阳、菏泽牡丹最富盛名。牡丹为落叶亚灌木，喜凉恶热，宜燥惧湿，可耐 -20℃的低温，在年平均相对湿度 45%左右的地区可正常生长。喜阴亦不耐阳，要求疏松、肥沃、排水良好的中性土壤或砂土壤，忌粘重土壤或低温处栽植。花期 4 ~ 5 月。芍药是蓄根草本，花型、叶片非常相似，牡丹于 5 月初开花，芍药花期要晚一些，这是它们的主要区别。

牡丹喜夏不酷热、冬无严寒的温和冷凉气候，较耐寒怕高温炎热的气候。夏季高温时，植物呈半休眠状态。日平均气温超过27℃，极端最高气温超过35℃时，会生长不良，枝条皱缩，叶片枯萎脱落。忌湿涝，喜向阳干燥和背风。在年均温度为12℃～15℃的地方，可广泛栽培。开花适温为16℃～18℃，开花时忌烈日，宜半阴。肉质根系。土壤平均相对湿度以50%左右为宜，喜土层深厚和肥沃的粘质壤土，特别要求地势高燥、排水良好的向阳地，忌低洼积水或盐碱地。忌连茬。萌蘖力强，易分株，但不耐移植。牡丹对臭氧特别敏感，一旦接触臭氧，就会枯萎，故可用牡丹监测臭氧等有毒气体的存在与浓度。

牡丹适宜疏松肥沃，土层深厚的土壤，土壤排水能力一定要好。盆栽可用一般培养土，中性或中性微碱土适宜牡丹的生长。

俗语说：“牡丹宜干不宜湿。”牡丹是深根性肉质根，怕长期积水，平时浇水不宜多，要适当偏干。栽培牡丹基肥一定要足，基肥可用堆肥、饼肥或粪肥，通常以一年施三次肥为好。即开花前半个月浇一次以磷肥为主的肥水，开花后半个月

施一次复合肥，入冬之前施一次堆肥，以保第二年开花。

俗语说："阴茶花，阳牡丹。"牡丹喜阳，但不喜欢晒。地栽时，需选地势较高的朝东向阳处，盆栽应置于阳光充足的东向阳台，如放南阳台或屋顶平台，西边要设法遮荫。

花中之魁——梅花

梅花是蔷薇科李属的落叶乔木，有时也指其果（梅子）或花（梅花）。梅花通常在冬春季节开放，与兰花、竹子、菊花一起列为"四君子"，也与松树、竹子一起被称为"岁寒三友"，中华文化有谓"春兰、夏荷、秋菊、冬梅"。梅花凭着耐寒的特性，成为代表冬季的花。梅花原产于我国，后来引种到韩国与日本，具有重要的观赏价值及药用价值。我国文学艺术史上，梅诗、梅画数量重多。梅花是中华民族与我国的精神象征，象征坚韧不拔，不屈不挠，奋勇当先，自强不息的精神品质。

梅在年雨量1000毫米或稍多地区可生长良好，对土壤要求不严，较

耐瘠薄。梅花是阳性树种，喜阳光充足，通风良好。

梅花是落叶小乔木，高可达10米，枝常具刺，树冠呈不正圆头形。枝干褐紫色，多纵驳纹，小枝呈绿色或以绿为底色，无毛。叶片广卵形至卵形，边缘具细锯齿。花每节1～2朵，无梗或具短梗，原种呈淡粉红或白色，栽培品种则有紫、红、彩斑至淡黄等花色，于早春先叶而开。

梅花核果近球形，有沟，直径约1～3厘米，有短柔毛，味酸，绿色，4～6月果熟时多变为黄色或黄绿色亦有品种为红色和绿色等。味酸，可食用，可用来做梅干、梅酱、话梅、酸梅汤、梅酒等，亦可入药。梅花酒在日本和韩国广受欢迎，其味甘甜，有顺气的功能，是优良的果酒。话梅在我国是很受欢迎的食品。话梅是将梅子与糖、盐、甘草在一起腌制后晒干而成的，话梅还可以用来做成话梅糖等食品。

梅花喜温暖和充足的光照。除杏梅系品种能耐 -25℃低温外，一般耐 -10℃低温。梅花也耐高温，在40℃条件下也能生长。在年平均气温16℃～23℃的地区生长发育最好。梅花对温度非常敏感，在早春平均气温达 -5℃～7℃时开花，在冰点或稍为低温下亦可开花。梅花有“自剪”习性与更新复壮的生物学基础，其萌芽、萌蘖能力均

强，易于形成花芽。若遇低温，开花期延后，若开花时遇低温，则花期可延长。生长期应放在阳光充足、通风良好的地方，若处在庇荫环境，光照不足，则生长瘦弱，开花稀少。冬季不要入室过早，以 11 月下旬入室为宜，使花芽分化经过春化阶段。冬季应放在室内向阳处，温度保持 5℃左右。梅花对氟化氢、二氧化硫、硫化氢、乙烯和苯醛等有害气体，反应敏感，有监测能力。

凌霜绽妍——菊花

菊花为多年生菊科草本植物，是经长期人工选择培育出的名贵观赏花卉，也称艺菊，又称鲍菊。菊花是我国十大名花之一，品种已达千余种，在我国已有三千多年的栽培历史。我国菊花传入欧洲，约在明末清初开始。菊花深受我国人民的喜爱，从宋朝起民间就有一年一度的菊花盛会。古神话传说中菊花又被赋予了吉祥、长寿的含义。我国历代诗人画家，以菊花为题材吟诗作画众多，因而历代歌颂菊花的大量文学艺术作品和艺菊经验，给人们留下了许多名谱佳作，并将流传久远。

菊花株高 20 ~ 200 厘米，通常 30 ~ 90 厘米。茎色嫩绿或褐色，除悬崖菊外多为直立分枝，基部半

木质化。单叶互生，卵圆至长圆形，边缘有缺刻及锯齿。头状花序顶生或腋生，一朵或数朵簇生。舌状花为雌花，筒状花为两性花。舌状花分为平、匙、管、畸四类，色彩丰富，有红、黄、白、墨、紫、绿、橙、粉、棕、雪青、淡绿等。筒状花发展成为具各种色彩的“托桂瓣”，花色有红、黄、白、紫、绿、粉红、复色、间色等色系。

菊花花序大小和形状各有不同，有单瓣，有重瓣；有扁形，有球形；有长絮，有短絮，有平絮和卷絮；有空心和实心；有挺直的和下垂的，式样繁多，品种复杂。根据花期迟早，有早菊花（9月开放），秋菊花（10月至11月），晚菊花（12月至元月）8月菊、7月菊、5月菊等。根据花径大小区分，花径在10厘米以上的称大菊，花径在6～10厘米的为中菊，花径在6厘米以下的为小菊。根据瓣型可分为平瓣、管瓣、匙瓣三类十多个类型。

菊花性喜温暖凉爽，阳光充足，通风条件好的环境。耐寒，耐霜冻，耐旱，怕涝，忌连作。适栽植于富含腐殖质的中性土壤。生长适温为18℃～21℃，最高为32℃，最低为10℃，其地下根茎可耐受-10℃低温，花期可耐的最低夜温为17℃，开花中后期可降为 13℃ ~ 15℃。菊花为短日照植物。秋菊在每天 14.5 小时的长日照下，进行营养生长。每天 12 小时以上的黑暗，10℃的夜温，适于花芽分化。可用缩短或延长光照的方法控制花期，使其能四季开花。

王者之香——兰花

兰花属兰科，是单子叶植物，为多年生草本。高 20 ~ 40 厘米，根长筒状。叶自茎部簇生，线状披针形，稍具革质，2 至 3 片成一束。兰花是我国的传统名花，是一种以香著称的花卉。兰花以它特有的叶、花、香独具四清（气清、色清、神清、韵清），给人以极高洁、清雅的优美形象。古今名人对它评价极高，被喻为花中君子。在古代文人中常把诗文之美喻为“兰章”，把友谊之真喻为“兰交”，把良友喻为“兰客”。

兰花根肉质肥大，无根毛，有共生菌。具有假鳞茎，俗称芦头，外包有叶鞘，常多个假鳞茎连在一起，成排同时存在。其叶线形或剑形，革质，直立或下垂，花单生或成总状花序，花梗上着生多数苞片。花两性，具芳香。花冠由 3 枚萼片与 3 枚花瓣及蕊柱组成。萼片中间 1 枚称主瓣。下 2 枚为副瓣，副瓣伸展情况称户。上 2 枚花瓣直立，肉质较厚，先端向内卷曲，俗称捧。

下面1枚为唇瓣，较大，俗称兰荪。成熟后为褐色，种子细小呈粉末状。

兰花性喜阴，忌阳光直射；喜湿润，忌高温、干燥、煤烟和尘埃；喜肥沃、富含大量腐殖质、排水良好和微酸性的砂质土壤，pH值5.5～6.5，宜空气流通的环境。种子发芽最适宜温度，白天为20℃～25℃，夜间为15℃～18℃。生长适温，白天为20℃～28℃，夜间为15℃～20℃，日夜温差以10℃～15℃为宜。35℃以上时生长不良，5℃以下时处于休眠状态。深秋和冬季，最低温度应保持为0℃～10℃，春节过后应保持为15℃～20℃。

兰花在我国已有2000多年的栽培历史，我国对兰花栽培积累了丰富的经验。兰花属半阴性植物，生长好坏全靠养护管理。栽培地点要求通风好、具遮荫设施，掌握光照。常用遮阳网和薄膜防雨遮荫，春夏要求较好的遮荫，秋冬给予充足阳光，有利根叶生长和开花。切

忌日光直射或暴晒。浇水是养好兰花的关键，浇水数量视气温高低，光线强弱和植株生长而定。一般来说，冬季温度低、湿度大则少浇，夏季植株生长旺盛、气温高应多浇。但夏季切忌阵雨冲淋，必须用薄膜挡雨。浇水以清晨为宜，秋季淋雨，易发生黑斑病，冬季以晴天中午浇水为好。有条件的最好装置自动喷雾设施，以增加空气湿度，这对春兰生长发育更为有利。兰花的用水，一般以雨水和河水为好，自来水必须入水池后再用。施肥对兰花是必需的，春季和夏秋季，正值兰花生长旺盛期，可以多施肥。从 3 月下旬至 9 月下旬，每周施肥 1 次，浓度宜淡。秋冬季兰花生长缓慢，应少施肥，每半月施肥 1 次。施肥后喷少量清水，防止肥液沾污叶片。施肥必须在晴天傍晚进行，阴天施肥有烂根的危险。一般冬季兰花处于休眠期，不需要施肥。生长期也可用颗粒状复合肥或盆花专用肥。

月月常开——月季

月季不但是我国传统名花，而且是世界著名花卉，世界各国广为

栽培。月季按花朵大小、形态性状，可分为现代月季、丰花月季、藤本月季和微型月季四类。月季顾名思义，它是月月有花、四季盛开。现代月季由我国月月红小花月季与欧洲大花蔷薇杂交而成，花期以5月和9月开花最盛。藤本月季枝条呈藤蔓状，花朵较大。丰花月季花朵中等而密集，花期从5月中一直能开到10月。微型月季株型低矮，花朵亦小，终年开花，适宜室内盆栽。

月季在园林中多用于庭院绿化，亦可种植在专类园。月季用扦插、嫁接繁殖，还可芽接亦能靠接。月季花可提取香精，用于食品及化妆品香料。月季花朵入药有活血、散瘀之效。月季花热情如火，姿容优美，象征此花无日不春风的长期奉献的品格。

月季为常绿或落叶灌木，小枝绿色，散生皮刺，也有几乎无刺的。其叶互生，奇（单数）数羽状复叶，小叶一般3 ~ 5片，椭圆或卵圆形，长2 ~ 6厘米，叶缘有锯齿，两面无毛，光滑，托叶与叶柄合生。花生于枝顶，花朵常簇生，稀单生，花色甚多。品种万千，多为重瓣也

有单瓣者，花有微香，花期 4 ~ 10 月，春季开花最多，肉质蔷薇果，成熟后呈红黄色，顶部裂开，“种子”为瘦果，栗褐色。

月季适应性强，耐寒耐旱，对土壤要求不严，但以富含有机质、排水良好的微带酸性沙壤土最好。喜光，但过多强光直射又对花蕾发育不利，花瓣易焦枯，喜温暖，一般气温在 22℃ ~ 25℃最为适宜，夏季高温对开花不利。

月季花喜日照充足，空气流通，排水良好而避风的环境，盛夏需适当遮荫。多数品种最适温度白昼 15℃ ~ 26℃，夜间 10℃ ~ 15℃。较耐寒，冬季气温低于 5℃即进入休眠。如夏季高温持续 30℃以上，则多数品种开花减少，品质降低，进入半休状态。一般品种可耐 -15℃低温。月季要求富含有机质、肥沃、疏松的微酸性土壤，但对土壤的适应范围较宽。空气相对湿度宜 75% ~ 80%，但稍干、稍湿也可。月季有连续开花的特性，需要保持空气流通，无污染，若通气不良易发生白粉病，空气中的有害气体，如二氧化硫，氯，氟化物等均对月季花有毒害。

花中西施——杜鹃

杜鹃花简称杜鹃，有“花中西施”的美誉，为杜鹃花科杜鹃花属植物，是我国十大名花之一。杜鹃是当今世界上最著名的观赏花卉之

一，它是杜鹃花科中一种小灌木，有常绿性的，也有落叶性的。全世界的杜鹃花品种有 850 多种，主要分布于亚洲、欧洲和北美洲，在我国境内有 530 余种，但种间的特征差别很大。

杜鹃花十分美丽。管状的花，有深红、淡红、玫瑰、紫、白等多种色彩。当春季杜鹃花开放时，满山鲜艳，像彩霞绕林，被人们誉为“花中西施”。杜鹃花通常为 5 瓣花瓣，在中间的花瓣上有一些比花瓣略红的红点。杜鹃花的生命力超强，既耐干旱又能抵抗潮湿，无论是大太阳或树荫下它都能适应。其根浅，分布广，能固定在表层泥土上。最厉害的是它不怕都市污浊的空气，因为它长满了绒毛的叶片，既能调节水分，又能吸住灰尘，最适合种在人多车多空气污浊的大都市，可以发挥清静空气的功能。杜鹃花抗二氧化硫、臭氧等污染，对氨气很敏感，可作监测氨气的指示植物。

杜鹃花的代表种，就是俗称的“映山红”。它几乎遍布长江流域各省以至云南、台湾等山地和丘陵上的疏林或灌木丛中。漏斗状的花，花瓣有酸味，可当水果吃，但一次

食用不能过多，否则会引起鼻出血。

杜鹃花落叶灌木，高约2米，枝条、苞片、花柄及花等均有棕褐色扁平的糙伏毛。叶纸质，卵状椭圆形，长2～6厘米，宽1～3厘米，顶端尖，基部楔形，两面均有糙伏毛，背面较密。花2～6朵簇生于枝端，花萼5裂，裂片椭圆状卵形，长2～4毫米。花冠鲜红或深红色，宽漏斗状，长4～5厘米，5裂，上方1～3裂片内面有深红色斑点。雄蕊7～10，花丝中部以下有微毛，花药紫色。子房及花柱近基部有糙伏毛，柱头头状。蒴果卵圆形，长约1厘米，有糙伏毛。花期4—5月，果熟期10月。杜鹃花为酸性土指示植物，叶含黄酮类（杜鹃花醇）、三萜成分、乌苏酸等。

杜鹃花喜欢酸性土壤，在钙质土中生长得不好，甚至不生长。因此土壤学家常常把杜鹃花作为酸性土壤的指示作物。杜鹃花经过人们多年的培育，已有大量的栽培品种出现，花的色彩更多，花的形状也多种多样，有单瓣及重瓣的品种。杜鹃性喜凉爽、湿润、通风的半阴环境，既怕酷热又怕严寒，生长适温为12℃～25℃，夏季气温超过

35℃，则新梢、新叶生长缓慢，处于半休眠状态。夏季要防晒遮阴，冬季应注意保暖防寒。忌烈日暴晒，

适宜在光照强度不大的散射光下生长，光照过强，嫩叶易被灼伤，新叶老叶焦边，严重时会导致植株死

亡。冬季，露地栽培杜鹃要采取措施进行防寒，以保其安全越冬。观赏类的杜鹃中，西鹃抗寒力最弱，气温降至0℃以下容易发生冻害。

杜鹃花喜温暖、凉爽、湿润气候，喜阴，耐阴，忌阳光直射，生长处透光率为30%左右最好。耐寒或稍耐寒，忌干燥。春季，怕干热风侵袭，夏季忌烈日暴晒。适宜在排水良好、肥沃疏松、pH值为5.5 ~ 6.5的酸性土壤上生长。不耐碱，耐瘠薄，忌浓肥，耐修剪，寿命长。生长适温为12℃ ~ 25℃，5℃ ~ 10℃或30℃以上生长缓慢，昼夜温差以5℃ ~ 6℃为好。花芽分化温度，白天为18℃以上，夜间为7℃ ~ 4℃。0℃时休眠，能耐短期0℃以下的低温。相对温度以70% ~ 90%为宜。

清丽脱俗——荷花

荷花又名莲花、水芙蓉等，属睡莲科多年生水生草本花卉。地下茎长而肥厚，有长节，叶盾圆形。花期6至9月，单生于花梗顶端，

花瓣多数，嵌生在花托穴内，有红、粉红、白、紫等色。坚果椭圆形，种子卵形。荷花种类很多，分观赏和食用两大类，原产亚洲热带和温带地区。我国栽培荷花历史久远，早在周朝就有栽培记载。荷花全身皆宝，藕和莲子能食用，莲子、根茎、藕节、荷叶、花及种子的胚芽等都可入药，可治多种疾病。

荷花有单瓣和重瓣之分，花色有桃红、黄色、白色，亦有复色品种。荷花在我国各地多有栽培，有的可观花，有的可生产莲藕，有的专门生产莲子。荷花是布置水景园的重要水生花卉，它与睡莲、水葱、蒲草配植，使水景园格外秀丽壮观。荷花花期为 7 月至 8 月，果熟期 9 月。播种、植藕繁殖。莲藕、莲子可食用，莲蓬、莲子心入药，有清热、安神之效。荷花清新脱俗，出尘而不染，象征着清白纯洁。

荷花的生长规律是一面开花，一面结实，蕾、花、莲蓬并存。它在长江流域的物候期为：4 月上旬萌芽，中旬浮叶展开；5 月中、下旬立叶挺水；6 月上旬始花，6 月下旬至 8 月上旬为盛花期；9 月中旬为末花期。7、8 月为果实集中成熟期；9 月中、下旬为地下茎（藕）成熟期；10 月中、下旬为茎叶枯黄期，

至少需15℃以上，入秋气温低于15℃时生长停滞。整个生长期内，最适宜为20℃～30℃。当气温高至41℃(水温只有26℃～27℃)时、对生长无影响。冬季气温降至0℃以下，盆栽种藕易受冻。荷花喜光，不耐阴。在强光下生长发育快，开花早，但凋萎也早。在弱光下生长发育虽长，开花迟，但凋萎也迟。荷花对土壤选择不严，以富含有机质的肥沃粘土为宜。适宜的pH值

然后进入休眠。荷花整个生育期共约160～190天。荷花喜湿怕干，喜相对稳定的静水，不爱涨落悬殊的流水。池塘植荷以水深0.3～1.2米为宜。初植种藕，水位应在20～40厘米之间。在水深1.5米处，就只见少数浮叶，不见立叶，便不能开花。如立叶淹没持续10天以上时，便有覆灭的危险。在生长季节失水，只要泥土尚湿，还不致死亡，可是生长减慢了，在10天之内灌水可以恢复。如泥土干裂持续3～5天，叶便枯焦，生长停滞。再持续断水4～5天，种藕便会干死。荷花喜热，栽植季节的气温

为6.5。荷花病虫害少，抗氟能力强，对二氧化硫毒气有一定抗性。地下茎和根，对含有强度酚、氰等有毒的污水，会失去抵抗力而消亡。

花中娇客——茶花

山茶是我国传统名花，也是世界名花之一。因其植株形姿优美，叶浓绿而光泽，花形艳丽缤纷，而受到世界园艺界的珍视。

茶花为山茶科山茶属常绿灌木或乔木，叶互生、椭圆形、革质，有光泽。产于我国云南、四川，南方地区多用于庭院绿化，北方均室内盆栽。茶花是“花中娇客”，四季常青，冬春之际开红、粉、白花，花朵宛如牡丹，有单瓣，也有重瓣。茶花喜温暖、湿润气候，夏季要求阴蔽环境，宜于酸性土生长。可播种、扦插、嫁接繁殖。茶花可以人工控制花期，若需春节开花，可在12月初增加光照和气温，一般情况下，在25℃温度条件下，40天就能开花，若需延期开花，可将苗盆放于2℃～3℃冷室。

山茶花株高约15米，小枝黄褐色。叶互生，卵圆形至椭圆形，边缘具细锯齿。花单生或成对生于叶腋或枝顶；花径5～6厘米，有白、红、淡红等色；花瓣5～7枚，为常绿灌木或小乔木。碗形花瓣，单

瓣或重瓣。花色有红、粉红、深红、玫瑰红、紫、淡紫、白、黄色、斑纹等，花期为冬春两季，较耐冬。

茶花生长适温在15℃～32℃之间，要求有一定温差，环境湿度60%以上，大部分品种可耐-8℃低温（自然越冬，云南茶花稍不耐寒），在淮河以南地区一般可自然越冬。茶花培植土要偏酸性，并要求较好的透气性，以利根毛发育，通常可用泥炭、腐锯木、红土、腐植土，或以上的混合基质栽培。茶花要求光照比杜鹃强，春秋冬三季可不遮阴，夏天可用50%遮光处理。茶花虽有耐寒抗热的本性，但作为云南山茶，由于生长的海拔较高，比较娇贵。所以，不管是春夏秋冬，都应该有防寒遮阴或者是防晒遮阴。

十里飘香——桂花

桂花，别称木犀、丹桂、岩桂、九里香、金粟，又有“仙树”“月桂”“花中月老”之称，原产地我国。桂花为木犀科常绿阔叶乔木，高3～15米，冠卵圆形。叶对生，硬革质，椭圆形至卵状椭圆形，全缘或具疏齿。花簇生叶腋或顶生聚伞花序，黄色或白色，极香，花期

中秋。果实为紫黑色核果,俗称桂子。

桂花的品种很多，常见的有四种：金桂、银桂、丹桂和四季桂。桂花味辛，可入药，有散寒破结、化痰生津的功效。桂花喜温暖湿润的气候，耐高温而不耐寒，为温带树种。桂花叶茂而常绿,树龄长久,秋季开花，芳香四溢，是我国特产的观赏花木和芳香树。桂花在国庆节前后开花,“金风送爽,十里飘香”是吉祥如意的象征。南方地区桂花多用于庭院绿化,北方均室内盆栽。桂花品种较多，桂花可用嫁接和高取压条育苗。春季进行枝接或靠接,秋季进行芽接，砧木可选用桂花实生苗或女贞。桂花经济价值很高,花可以提取香料，也可熏制花茶。

桂花喜温暖湿润的气候，耐高温而不甚耐寒，为亚热带树种。桂花叶茂而常绿，树龄长久，秋季开花，芳香四溢，是我国特产的观赏花木和芳香树。我国桂花集中布和栽培的地区，主要是岭南以北至秦岭、淮河以南的广大热带和北亚热带地区，大致相当于北纬24° ~ 33° 。该地区水热条件好，降水量适宜，土壤多为黄棕壤或黄

褐土，植被则以亚热带阔叶林类型为主。在上述条件的孕育和影响下，桂花生长良好，并形成了湖北咸宁、江苏苏州、广西桂林、浙江杭州和四川成都五大全国有名的桂花商品生产基地。

桂花对土壤的要求不太严，除碱性土和低洼地或过于粘重、排水不畅的土壤外，一般均可生长，但以土层深厚、疏松肥沃、排水良好的微酸性砂质壤土更加适宜。

凌波仙子——水仙

水仙是我国传统名花，素有“凌波仙子”的雅称。漳州水仙最负盛名，它鳞茎大、形态美、花朵多、馥郁芳香，深受国人喜爱，同时畅销国际市场。水仙是冬季观赏花卉，可以用水泡养，亦能盆栽。可用鳞茎繁殖，常见栽培品种有“金盏银台”(单瓣花)和“玉玲珑”(重瓣花)。

水仙为石蒜科多年生草本。地下部分的鳞茎肥大似洋葱，卵形至广卵状球形，外被棕褐色皮膜。叶狭长带状，二列状着生。花葶中空，扁筒状，通常每球有花葶数支，多者可达10余支，每葶数支，至10余朵，组成伞房花序。雄蕊呈椭圆形，花粉为黄色。雌蕊近似三角形，乳白色，中部发绿。

水仙茎叶清秀，花香宜人可用于装点书房、客厅，格外生机盎然。水仙茎叶多汁有小毒，不可误食，牲畜误食会导致痉挛。鳞茎捣烂外敷，可以治疗疮痈肿。

水仙主要分布于我国东南沿海温暖、湿润地区，福建漳州、厦门及上海崇明岛最为有名。水仙是草本花卉，又名金银台、玉玲珑、雅蒜等，原产于我国浙江福建一带，现已遍及全国和世界各地。水仙花朵秀丽，叶片青翠，花香扑鼻，清秀典雅，成为世界上有名的冬季室内和花园里陈设的花卉之一。

水仙好肥，在发芽后开始追肥。3年生栽培，追肥宜勤，隔7天施1次。2年生栽培，每隔10天1次。1年生栽培半月施1次。上海天寒，为提高水仙的耐寒力，在入冬前要施1次磷钾肥。1月停肥，2月下旬至4月中旬继续追肥，以磷钾肥为主，5月停肥、晒田。

水仙虽耐一定的低温，但也怕浓霜与严寒。偶现浓霜时，要在日出之前喷水洗霜，以免危害水仙叶片。对于低于 –2℃的天气，应有防寒措施。较暖地区可栽风障，上海地区可用薄膜防寒。10月份，自然界温度逐渐降低，水仙花芽分化发育已完备，开始进入分级包装上市销售阶段。

水仙用竹篓包装，鳞茎球的等级是以装进篓的球数而定的，一篓装进20只球的，为20庄，属最佳级；依次而下，装进30、40、50、60只球的，分别叫做30庄、40庄、50庄、60庄。现在常合四篓的球数，装进一个大篓中

妙趣横生的花卉传说

我国在漫长的花卉栽培历史中，不仅积累了丰富的花卉栽培经验，更留下了许多优美动人的花卉故事。花香暗涌，背后隐藏着多少情事婉转的美妙传说，令人倍感趣味。下面撷取其中一些花卉的古老传说，娓娓道来。

桂花的传说

传说古时候两英山下，住着一个卖山葡萄酒的寡妇，她为人豪爽善良，酿出的酒，味醇甘美，人们尊敬她，称她仙酒娘子。一年冬天，天寒地冻。清晨，仙酒娘子刚开大门，忽见门外躺着一个骨瘦如柴、衣不遮体的汉子，看样子是个乞丐。仙酒娘子摸摸那人的鼻口，还有点气息，就把他背回家里，先灌热汤，又喂了半杯酒，那汉子慢慢苏醒过来，激动地说:“谢谢娘子救命之恩。我是个瘫痪人，出去不是冻死，也

得饿死，你行行好，再收留我几天吧。”仙酒娘子为难了，常言说，“寡妇门前是非多”，像这样的汉子住在家里，别人会说闲话的。可是再想想，总不能看着他活活冻死，饿死啊！终于点头答应，留他暂住。果不出所料，关于仙酒娘子的闲话很快传开，大家对她疏远了，到酒店来买酒的一天比一天少了。但仙酒娘子忍着痛苦，尽心尽力照顾那汉子。后来，人家都不来买酒，她实在无法维持，那汉子也就不辞而别不知所往。仙酒娘子放心不下，到处去找，在山坡遇一白发老人，挑着一担干柴，吃力地走着。仙酒娘子正想去帮忙，那老人突然跌倒，干柴散落满地，老人闭着双眼，嘴唇颤动，微弱地喊着：“水、水、……”荒山坡上哪来水呢？仙酒娘子咬破中指，顿时，鲜血直流，她把手指伸到老人嘴边，老人忽然不见了。一阵清风，天上飞来一个黄布袋，袋中贮满许许多多小黄纸包，另有一张黄纸条，上面写着：月宫赐桂子，奖赏善人家。福高桂树碧，寿高满树花。采花酿桂酒，先送爹和妈。吴刚助善者，降灾奸诈滑。仙酒娘子这才明白，原这瘫汉子和担柴老人，都是吴刚变的。这事一传开，远近都来索桂子。善良的人把桂子种下，很快长出桂树，开出桂花，满院香甜，无限荣光。心术不正的人，种下的桂子就是不生根发芽，使其感到难堪，从此真心向善。大家都很感激仙酒娘子，是她的善行，感动了月宫里管理桂树的吴刚大仙，才把桂子酒传向人间，从此人间才有了桂花与桂花酒。

石竹花的传说

说到石竹花，知道的人可能不多，可是提到康乃馨，人们就比较熟悉了。其实，我们常说的石竹花包括多种石竹，其中美国中竹又叫五彩石竹，香石竹即是人们常说的康乃馨、翟多等的总称。

在我国，在欧美，乃至于在全世界人民的心目中，把思念母亲、敬爱母亲的感情，寄托于石竹花，石竹花在世界上许多国家成为纪念“母亲节”的标志，成为母亲花，这其中还有一个鲜为人知的传说故事呢！

不知是哪朝哪代，在东北的一座大山中住着一户普通人家，姓石。老两口只有一个儿子名叫石竹。家里没有财产没有土地，全靠石老汉进山挖药为生。不幸的是石竹还刚牙牙学语的时候，石老汉在一次进山挖药时摔死了。从此，母子二人相依为命，日子过得更艰难。石竹妈一人挑起了抚养儿子的重担，她每天进山挖山货去换点粮食，掺和着野菜一起熬粥吃。就这样一晃十多年过去了，石竹妈历尽千辛万苦，好不容易将石竹拉扯长大成一个十七八岁的大小伙子。

穷人家的孩子懂事早。石竹这

孩子样样都好，里里外外帮衬着妈妈。只是打小吃苦受穷，身子骨十分瘦弱，不但不能像别的小伙子一样独当一面地养活这个家，让年迈的妈妈歇息歇息，而且从小就得了个见不得人的病——尿炕。十七八岁的大小伙子了，却不敢提娶媳妇的事。唉，又穷又有病，谁肯来做这家的媳妇呢！儿子懂事不说，做娘的却是看在眼里疼在心上。石竹妈从此进山就不挖山货了，她学着石老汉挖起了草药。可年纪大了，哪爬得了那崇山峻岭，钻得了那深山老林？再说，草药千千万万，哪一味能治好儿子的病呢？可石竹妈不畏山高路险，每天都去挖药，每次发现了新草药，她就自己先用口尝尝：辛的、苦的、麻的、涩的，做妈的先尝尽人间甘苦。有好几次，她被草药毒着了，肿了脸，红了眼，但她赶快吃些清热解毒的草药，终于又化险为夷。就这样寻寻找找一年过去了，两年过去了，三年过去了，可能治好儿子病的草药还是没找到。

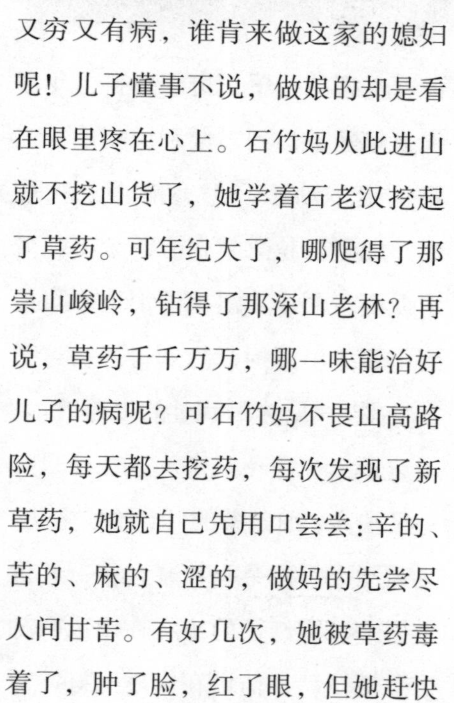

转眼到了第三年的五六月间，这天，石竹拦住又要出门的妈妈，哭着说：“妈，别去了，我不治病，不娶媳妇了。您辛辛苦苦把我拉扯大，我不但没能报答您，反而拖累您，做儿子的实在对不起母亲啊。”石竹妈也含着热泪，摸着石竹的头说，儿啊，做娘的知道你孝顺，但是，天下做母亲的哪能眼看儿子被

病痛折磨而不去拯救呢？再说，如果找到了能治好你病的药，那就不但能治好你的病，也能治好天下有这病的其他人，不但了却我这个做妈的心事，也帮了其他做妈的人。”说完，她就毅然出门了。

这一次她走得更远，爬得更高。可是奔波一天，还是没有什么新的发现。眼看天色已晚，山风阵阵，寒气袭人。石竹妈不免叹口气，坐在一块山石上歇歇脚。心想今天走远了，今晚是赶不回去了。心里惦记着生病的儿子，更想到自己年岁越来越老了，到时候别说爬山，连路也走不动了，怎么能再去找药呢？她越想越急越伤心，禁不住老泪纵横，两串热滚滚的泪珠一直落到山石缝里。但没想到奇迹在这时发生了，只见热泪淌过的山缝缝里，忽然长出一株花儿来。这花株只有一尺来高，细条条的叶，枝顶生花。花朵不大，几朵小花聚合在一起像一把伞，粉红色的小花在山风吹拂下微微摆动，仿佛在向她问好。石

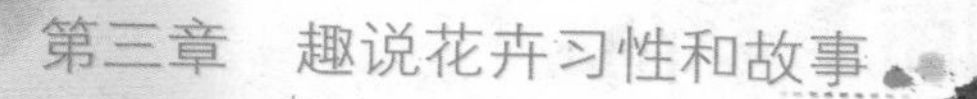

竹妈赶紧揉揉眼睛，心想莫不是年纪大了，老眼昏花，在这山野里过去怎么没有见过这么漂亮的花？可睁眼一看,那花还在那里点头微笑。石竹妈正惊讶之余，又听见一个甜甜的姑娘的声音在说话 :“老妈妈，把这花全棵拔去，回家煎水给儿子喝，它可以治好你儿子的病。”石竹妈只听见声音不见人，山野之中只有那花儿在微笑。石竹妈顿时明白了，这是花仙在帮助她，为她儿子治病呢。石竹妈一高兴，人也来了精神，抬眼一看，啊，山野中星星点点长满了这美丽的花儿呢。她赶紧拔了许多，抱着就往山下跑。

回到家，石竹正在着急，不知到哪儿去找妈妈。石竹妈高兴地一五一十把山上的奇遇告诉了石竹，并按照花仙的指点把采来的花连根煎水给石竹喝。药一煎好，只觉草屋里清香阵阵，石竹连服了三日，不但尿床的毛病治好了，人也变得精神多了，总觉得浑身有使不完的力气一样。石竹本来就是孝顺孩子，病一好，他就再也不要妈妈上山挖药去奔波劳累了。不久，他

就娶了一房媳妇，一家人从此过着幸福的生活。

此后，石竹妈采药遇见花仙，并用这花草治好了儿子石竹毛病的消息不胫而走，很快传开了，凡得了类似那种毛病的穷人，都来找石竹妈要这花草去治病，没有不灵的。人们感激花仙，更明白花仙也是被石竹妈的一片爱心所打动，才主动帮忙的。每次人们要找寻这花草时，都叫不出它的名儿，只知道是石竹妈找的花能治病，便顺口叫它“石竹妈的花”，叫来叫去，就干脆叫“石竹花”了。

至今，石竹花仍是一味中草药，对主治小便淋漓涩痛有特效。一直到现在，石竹花也仍是一种最平凡的花，它没有牡丹的富贵气派，月季的风流不败，芍药的娇艳多情，兰花的芳香自赏……可是它代表了母亲的伟大情怀。它像石竹的母亲一样，为了孩子不辞千辛万苦，为了后代默默奉献。天下没有无母之人，石竹也就成为无人不爱之花。

睡莲的传说

从前，有一位姑娘住在一个偏僻的山村里，那里有一条河围绕着村子。有一天，那条河枯竭了，为了家人，姑娘整天四处奔波，只为找到少得可怜的水。

在一个有雾的早晨，她一个人沿着河走着，心里满是忧愁。突然，一个声

音清清楚楚传入她的耳朵：你的眼睛真美。她回头的刹那，就见河里淤泥中有一条鱼看着她，那是一条美丽的鱼，它身上的鳞片就像天空那么蓝，还有一双温柔的眸子，它的声音也是那么清澈透明。

那一眼，注定了一个传说。鱼对姑娘说，如果姑娘愿意常常来看它，让它看见她的眼睛，它就可以给她一罐水。当然那无非是一个借口而已，鱼儿的心灵和她的心灵一样纤尘不染。于是，姑娘每天早晨都会和鱼相会，鱼也履行着它的承诺。每一天，家人总会不停地追问水的来历，但姑娘只是笑而不答。

他们虽隔水相视，但一种心境却可相通。第三天，姑娘发现自己爱上了鱼。在晨雾里，绵绵情话近乎不真实，最后，鱼对姑娘说：希望她做它的妻子。鱼从河里出来，到岸上拥抱了姑娘，他们就这样结为夫妻。

故事并没有结束。终于，有一天村子里的人看到了他们相会的情景，他们认为鱼对姑娘使用了妖法。于是，他们把姑娘关起来，拿着刀叉、长枪来到河边叫出鱼，用姑娘威胁它。在它现身的那一刻，他们下手了，鱼在绝望中死去。然后，

人们抬着鱼的尸体凯旋而归。他们把鱼的尸体抛到姑娘的脚下，希望她会醒过来。可那换来的只是她的心碎。她抱起已经冰冷的鱼，向小

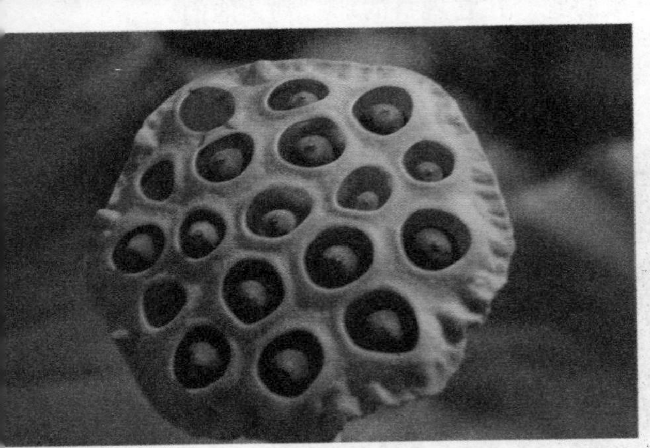

河走去。倘若时间无法治愈伤痛，死亡总是可以的。她就那么在人们诧异猜忌的目光中死去了。但他们的子女却在水中世代繁衍，那就是今天的睡莲。

向日葵的传说

关于向日葵，历史上有一美妙传说。古代有一位农夫女儿名叫明姑，她憨厚老实，长得俊俏，却被后娘“女霸王”视为眼中钉，受到百般凌辱虐待。一次因一件小事，明姑顶撞了后娘一句，惹怒了后娘，后娘使用皮鞭抽打她，可一失手却打到了前来劝解的亲生女儿身上。结果后娘又气又恨，夜里趁明姑熟睡之际挖掉了她的眼睛。明姑疼痛难忍，破门出逃，不久死去，死后在她坟上开着一盘鲜丽的黄花，终日面向阳光，它就是向日葵。表示明姑向往光明，厌恶黑暗之意，这传说激励人们痛恨暴、黑暗，追求光明。

丁香花的传说

丁香是爱情之花，只因民间一

直流传着这样一个动人的爱情故事。

古时候，有个年轻英俊的书生赴京赶考，天色已晚，投宿在路边一家小店。店家父女二人，待人热情周到，书生十分感激，留店多住了两日。店主女儿看书生人品端正、知书达理，便心生爱慕之情。书生见姑娘容貌秀丽，又聪明能干，也十分喜欢。二人月下盟誓，拜过天地，两心相倾。接着，姑娘想考考书生，提出要和书生对对子。书生应诺，稍加思索，便出了上联：“冰冷酒，一点，二点，三点。”

姑娘略想片刻，正要开口说出下联，店主突然来到，见两人私定终身，气愤之极，责骂女儿败坏门风，有辱祖宗。姑娘哭诉两人真心相爱，求老父成全，但店主执意不肯。姑娘性情刚烈，当即气绝身亡。店主后悔莫及，只得遵照女儿临终所嘱，将女儿安葬在后山坡上。书生悲痛欲绝，再也无法求取功名，遂留在店中陪伴老丈人，翁婿二人在悲伤中度日。

不久，后山坡姑娘的坟头上，竟然长满了郁郁葱葱的丁香树，繁花似锦，芬芳四溢。书生惊讶不已，每日上山看丁香，就像见到了姑娘一样。一日，书生见有一白发老翁经过，便拉住老翁，述说自己与姑娘的坚贞爱情和姑娘临死前尚未对出的对联一事。白发老翁听了书生的话，回身看了看坟上盛开的丁香花，对书生说：“姑娘的对子答出

来了。”书生急忙上前问道：“老伯何以知道姑娘答的下联？”老翁捋捋胡子，指着坟上的丁香花说：“这就是下联的对子”。书生仍不解，老翁接着说：“冰冷酒，一点，两点，三点；丁香花，百头，千头，萬头。”你的上联“冰冷酒”，三字的偏旁依次是，“冰”为一点水，“冷”为二点水，“酒”为三点水。姑娘变成的“丁香花”，三字的字首依次是，“丁”为百字头，“香”为千字头，“花”为萬字头。前后对应，巧夺天工。

书生听罢，连忙施礼拜谢：“多谢老伯指点，学生终生不忘。”老翁说：“难得姑娘对你一片痴情，千金也难买，现在她的心愿已化作美丽的丁香花，你要好生相待，让它世世代代繁花似锦，香飘万里。”话音刚落，老翁就无影无踪了。从此，书生每日挑水浇花，从不间断。丁香花开得更茂盛、更美丽了。

后人为了怀念这个纯情善良的姑娘，敬重她对爱情坚贞不屈的高尚情操，从此便把丁香花视为爱情之花，而且把这幅“联姻对”叫作“生死对”，视为绝句，一直流传至今。

第四章
融汇在文化里的芬芳

花卉不仅具有良好的卫生防护功能，如消音、吸尘、防污染、调节温度和湿度等，而且更重要的是具有美化环境的巨大作用。花卉以其千姿百态、丰富的色彩和自然美，形成姹紫嫣红、五彩缤纷、绿茵似锦的优美景观，使人们在工作之余、劳动之后，能够得以休憩、娱乐和欣赏自然界之美，这样就促进了社会的文明建设，陶冶了人们的情操，增强了人们的身心健康。所以，应该充分运用花卉，发挥花卉美化环境的作用，并利用花卉进行人与人之间的感情交流，进入较高层次的思想境界。这样，使人们的工作和生活环境处于生机勃勃，情意万千的艺术境地之中。

当今社会，随着家庭生活品质的提高，人们对精神生活的要求也愈来愈高。花卉已进入了寻常的百姓家中及日常生活中，花卉的地位也越来越重要了。自己动手整理花木，既能陶冶情操，表达自己的艺术内涵、文化素质，更能从中享受到自然的和谐和花团锦簇的快乐。本章将为大家讲述花文化的种种，让大家一起领略飘荡在文化里的缕缕芬芳。

花情结

我国民间很早就利用花卉馈赠、佩带和装饰。《诗经》中就有三月三在芍药盛开时节，男女青年聚会赠送芍药等习俗。隋唐《南史》中记载："有献莲华供佛者，众僧以铜罂盛水，渍其茎，欲华不萎"。唐宋时代欧阳修《洛阳牡丹记》、范成大《范村梅谱》、王贵学《兰谱》、明代文震亨的《长物志》、清代陈淏子《花镜》等书中记载了丰富的花卉园艺栽培技术，赏花情趣装饰形式布置艺术等。花的文化随着时代的发展，在赏花的观念、情趣运用、设计手法品种的选育等方面都会出现新的浪潮。回归自然生态园林已经成为现代人向往的主题，在紧张、竞争激烈的社会中，人们在与大自然隔绝的高层建筑物中工作与生活，每天面对冷漠而呆板的室内空间界面、家具和设备，使人身心疲惫，自然得不到良好的放松与休息。人们此时更加向往大自然，所以人们要在自己的居所引进那些源于自然的物质到生活中来。如今花卉的装饰范围逐步扩大，设计的形式力求达到多层次多方位的空间装饰。从城市到家庭使花卉植物最大限度的接近人、丰富人们的生活，这是每个人的理想。

花文化

花文化是一个国家和民族文化的组成部分，因此花文化的形成与发展也会随着国家和民族文化的兴衰而有起落。我国花文化是在浓厚的传统文化基础上发展起来的。花文化从开始出现起，就深受绘画、书法、文学、艺术、造园工艺等传统文化艺术的影响并随之而发展。当然花文化也与古代的神话传说有着密切的关系，与历史上儒、道、佛、诸家思想也密不可分。

在没有文字的原始社会里，特别是旧石器时代晚期，我们的远古祖先将大自然中美丽的花草树木引入生活中来，在粗制的石器上刻划各种花朵的纹样，甚至染上漂亮的色彩，用来美化生活，这可能就是我国花文化的最早表现形式，这已经从考古遗迹中得到证实。到新石器时代（距今上万年以前）花文化也有了进一步发展，在当时花以实用和美化相结

合成为人们生活中的一部分。

花卉的文字记载，最早始于公元前 11 世纪的商朝甲骨文中。战国时期(公元前475年—前221年)，花卉在我国人民的物质生活中和精神生活中都起着相当大的作用，特别是给花卉赋予了感情色彩和象征意义，这些都标志着我国的花文化开始走向了一个新的发展阶段。秦汉时期（公元前 221 年—公元 220 年），我国有了插花艺术的萌芽。

魏晋南北朝时期，我国花卉应用的技艺已很高超，对花的鉴赏也十分高雅，开始步入较高层次的艺术享受和艺术创作境界。至隋、唐和两宋时期，我国花文化的发展已进入昌盛和成熟阶段，在我国传统文化中占有重要地位。随着唐朝盛世的出现，宋代的稳定与繁荣，带来了我国花卉业的空前发展，种花、卖花、赏花和插花蔚然成风。据传，当时点茶、挂画、燃香和插花合称为“四艺”，成为社会上层特别是文人士大夫阶层文化修养和风雅生活的重要组成部分。这一时期，花卉的科技书籍、花卉的文学作品、花卉工艺品和花卉绘画以及盆景、插花等艺术品层出不穷，成绩卓越，可称我国史上花文化发展的鼎盛时期。

明清两代，我国花卉栽培技术和应用理论日臻完善和系统化，这一时期是我国各类花卉著作甚多且内容全面丰富、科学性较强的时期。

清末以来至新我国成立前夕，统治者的软弱腐败，加上帝国主义

的侵略，中日连年战患，国力下降，经济衰退，花卉业停滞，花田几尽荒芜。直到新我国成立以后，随着国民经济的恢复与发展，城市园林建设逐渐受到重视。花卉业得到空前发展，花文化又呈现出百花齐放的新局面。花卉成为社会重大节日和社交活动中的必有之物，成为城市的象征和标志，更成为大众文化娱乐活动和居家住户美化生活的一部分。5000年的中华民族历史，创造了丰富灿烂的花文化，我国花文化成为东方古文化宝库中的一颗璀璨明珠。它根植于中华沃土里，生长于大众生活之中，并深得其他文化艺术的熏陶和影响而茁壮成长起来。我国花文化具有浓厚的传统文化基础，富有民族风味的特色，内容广泛丰富，表现形式多姿多彩。概括来讲，我国花文化的内容主要有以下几方面：

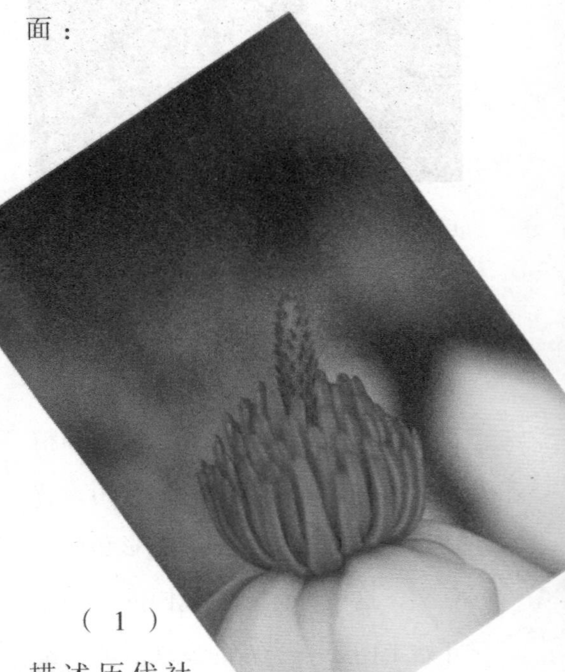

（1）描述历代社会生活中各种花事活动的情景，诸如各朝各地的花市、花展，花节盛况，借以展现繁荣欢乐的社会岁月风貌。

（2）直接表现或描绘各种名花异卉的琼姿仙态之美，以展示大自然的美景，使人获得美的享受和生

我国花文化的表现形式十分丰富，按大类划分有花卉的专业科研与教育，有直接的花卉商品产销，有园林中的各种应用，还有更多是文学形式、绘画、雕塑、盆景、插花、歌曲、舞蹈等众多艺术形式表现出来的。活泼多样，令人喜闻乐见。具体的有花书、花诗、花画、花歌、花舞、花膳、花饮、花织锦、花工艺品以及花节、花神、花会、花语等，各具特色。

活的乐趣。

（3）介绍古今名人赏花赞花或育花的种种趣事，以此增加人们的生活知识和乐趣。

（4）以花为题，借花传情，或阐述人生哲理，起以教育作用。或表示祝愿，希望和祈求，或表达个人的种种心态与冥想。

（5）介绍花卉栽培的知识、信息、经验以及科学新方法、新技术等供人们学习参考。

十二月令花与花神

花是天地灵秀之所钟，美的化身。赏花在于悦其姿色而知其神骨，如此方能遨游在每一种花的独特韵味中，而深得其中情趣。如古人所言：“梅标清骨，兰挺幽芳，茶呈雅韵，李谢弄妆，杏娇疏丽，菊傲严霜，水仙冰肌玉肤，牡丹国色天香，玉树亭亭皆砌，金莲冉冉池塘，丹桂飘香月窟，芙蓉冷艳寒江。”

关于百花的传说数不胜数，其中以农历中的十二个月令的代表花与掌管十二月令的花神的传说最令人神往。这十二月令的花与花神，因地区以及个人喜爱的不同而有些差异。十二个月份的花神各有一段美丽的故事。

（1）正月梅花花神

关于正月梅花花神的说法有多种。有一种说法认为是北宋诗人林逋，他隐居于西湖孤山，终生不仕，终日与梅鹤为伴，被人称为“梅

妻鹤子”。他咏梅的诗句“疏影横斜水清浅，暗香浮动月黄昏”犹如石破天惊，成了遗响千古的梅花绝唱，“疏影”“暗香”二词还成了后人填写梅词的调名。

还有一种说法是梅花，其冰清玉洁一身傲骨尤其为世人钟爱。梅花的花神相传是宋武帝的女儿寿阳公主。在某一年的正月初七，寿阳公主到宫里梅花林赏梅，一时困倦，

就在殿檐下小睡，正巧有朵梅花轻轻飘飘落在她的额上，留下五瓣淡红色的痕迹。寿阳公主醒后，宫女都觉得原本国色天香的她，又因梅花瓣而更添几分美感，于是纷纷效仿，以梅花印在额头上，称为“梅花妆”。世人便传说公主是梅花的精灵变成的，因此寿阳公主就成了梅花的花神。

（2）二月杏花花神

有些地方流传的是燧人氏，他教人取枣杏之火煮食。还有的地方以四大美女之一的杨玉环为杏花花神。安禄山之乱平息后，唐玄宗想移葬杨贵妃，看见马嵬坡下有一林杏花。因此，后人称杨玉环为杏花花神。

（3）三月桃花花神

一说是北宋杨家将之一的杨延昭，他守边疆二十年，屡次大败契丹军。可能是他抵御外寇就像桃木能驱逐凶祸，因此被封为桃花花神。

一说为唐朝诗人崔护，因为他曾写下“人面不知何处去，桃花依旧笑春风”的名句而流传千古。

（4）四月牡丹花花神

四月的牡丹花花神据说是曾写下多首牡丹诗的唐代诗仙李白。牡丹开于农历四月，唐代人以其香浓色艳有富贵之枝，而称牡丹为“花王”，直到今日，世人仍爱其国色天香。牡丹的花神传说众多，或说貂婵，或说丽娟（汉武帝的宠妃），但是以李白最为知名。有一回，唐玄宗偕同杨贵妃在沉香亭赏牡丹，一时兴起，宣李白进宫写三章《清

平乐》：

“云想衣裳花想容，春风拂槛露华浓。若非群玉山头见，会向瑶台月下逢。”

“一枝红艳露凝香，云雨巫山枉断肠。借问汉宫谁得似，可怜飞燕倚新妆。”

“名花倾国两相欢，常得君王带笑看。解释春风无限恨，沉香亭北倚阑干。”

（5）五月石榴花花神

俗称农历五月是榴月，五月盛开的石榴花，艳红似火，有着火一般的光辉，因此许多女子都喜欢榴花戴在云鬓上，增添娇艳。石榴花的花神传说是钟馗，五月是疾病最容易流行的季节。于是民间传说的“鬼王”钟馗，便成为人们信仰的主要对象，生前性情十分暴烈正直的钟馗，死后更誓言除尽天下妖魔鬼怪。其嫉恶如仇的火样性格恰如石榴迎火而出的刚烈性情，因此大家就把能驱鬼除恶的锺馗视为石榴花的花神。一说为从西域取回石

榴的张骞，人们为赞颂张骞这一功劳，所以尊他为石榴花花神。

（6）六月荷花花神

农历六月俗称荷月，荷花即莲花。莲花生于碧波之中，以“出淤泥而不染”著称，且花大叶丽，清香远溢，因此自古即深受人们喜爱。据说荷花花神为西施，她曾在苏州锦帆泾留下采莲的踪迹。也有人说，西施帮助越国打败吴国后，越王把西施接回越国，但王后十分嫉妒西施的美貌，把西施抓到江边绑上巨石沉入江底。老百姓都不相信西施会死，传说她做了荷花神，住在一个小岛上，每年采莲节，就能在湖边采莲的女孩当中看到她。

（7）七月蜀葵花神

蜀葵植株修长而挺立，开于夏末秋初，花朵大而娇媚，颜色五彩斑斓，其中黄蜀葵又称为秋葵，在诗经中就曾提及“七月菱葵叔”，葵指的就是黄菱葵。秋葵是一种朝开暮落的花，一般人说的“昨日黄花”，就是以秋葵为写照。菱葵花的花神相传是汉武帝的宠妃李夫人。李夫人的兄长李延年曾为他写一极其动人的歌，即：“北方有佳人，

绝世而独立，一顾倾人城，再顾倾人国，倾城与倾国，佳人难再得。”由于李夫人早逝，短暂而又绚丽的生命，宛如秋葵一般，所以人们就以她为七月蜀葵的花神了。

（8）八月桂花花神

丹桂花又名木犀，丹桂，好生于岩岭间，花簇开，有黄色或黄白色，香气极浓。八月桂花香，因此农历八月又称为桂月。

桂花花神一说是五代的窦禹钧。他教子有方，五个儿子皆为达官显臣，故他们父子被誉为“灵椿一株老，丹桂五枝旁”。另一说为西晋石崇的爱妻绿珠，她容貌美丽并善长吹笛。赵王司马伦的同党孙秀曾想夺绿珠为妻，导致石崇被赵王所杀，绿珠于是堕楼殉情。人们以桂花的散落比喻绿珠，并封她为桂花花神。

（9）九月菊花花神

农历九月的深秋时分，正是菊花开得最艳的时候，因此又称为菊月。在菊花这个璀璨的香国里，有的端雅大方，有的龙飞凤舞，有的瑰丽如彩虹，有的洁白赛霜雪，相当迷人。

菊花的花神相传是陶渊明，菊花的凌霜怒放，性情冷傲高洁，在群芳中备受“不为五斗米折腰”的陶渊明喜爱，更为菊花写下“采菊东篱下，悠然见南山”的千古佳句，菊花的花神自然非他莫属了。

（10）十月木莲花神

木莲又名木芙蓉，因花“艳如

荷花”而得名，另有一种花色朝白暮红的叫做醉芙蓉。

木芙蓉属落叶灌木，开在霜降之后，农历十月就可以在江水边，看到她如美人初醉般的花容与潇洒脱俗的仙姿。木芙蓉的花神相传是宋真宗的大学士石曼卿。宋代盛传在虚无缥缈的仙乡，有一个开满红花的芙蓉城。据说在石曼卿死后，仍然有人遇到他，在这场恍然若梦的相遇中，石曼卿说他已经成为芙蓉城的城主。因为在众多传闻中，以石曼卿的故事流传最广，后人就以石曼卿为十月芙蓉的花神。

（11）十一月水仙花花神

水仙别名金盏银台。水仙开于蜡梅之后、江梅之前，为冬令时花，花如其名，绿裙、青带，亭亭玉立于清波之上，素洁碧玉般的花朵冒雨而开，超尘脱俗，宛如水中仙子。

水仙的花神相传是娥皇与女英。据说，娥皇、女英是尧帝的女儿，二人同嫁给舜。姐姐为后，妹妹为妃，三人感情甚好，后来，舜

在南巡崩驾，娥皇与女英双双殉情于湘江。上天怜悯二人的至情至爱，便将二人的魂魄化为江边水仙，二人也成为水仙的花神了。

（12）十二月腊梅花花神

腊梅花花神据说是宋代的苏东坡及黄庭坚，因为他们倡议将黄梅改称为“腊梅”。

以花卉为图案的服饰文化

在我国的传统文化中，花卉图案代表着吉祥如意，物丰人和。比如牡丹花开富贵，菊花人寿年丰，

玫瑰情投意合。我国人对于花卉图案的喜爱，于是将许多的花卉图案用不同的形式、形态点缀在我们的服装上，统称为服饰图案。

花卉图案色彩鲜艳、形态万千。民间的手绘图案，花形精致、蜿蜒迂回。花卉的内容仍然保留传统的民俗风格，以具体的花的形态为主，图案丰富。比如大朵大朵的牡丹，配以不同形态的叶子，图案整洁。还有花型小、但秩序感强的图案，其中有写意的玫瑰花、百合花、郁金香和抽象花卉图案，它们的色彩丰富、形态跳跃。民间服饰图案多以刺绣为主，面料单一，但是具有悠久的历史，因此仍受到国内外的关注。

新潮的花卉图案琳琅满目、异彩纷呈。图案方面有的取材于民间艺术，形象逼真。有的以大型花卉图案为基础，叠加处理变幻出更加丰富的形态。花的形状由单一的花形变换出几何状、条状、点状、心型、叶型、结子等等。十九世纪的欧洲织物图案也被充分的利用，还有的以无花的叶型图案为主，或者大片的叶型配以优雅别致的小花，风格独特。这些花卉图案有的仍然运用刺绣装饰在衣服上，而多数则采用现代技术，如蜡染、扎染，或者直接手绘在织物上面。

现在，花卉图案的运用越来越广泛。在服装领域，花卉服饰图案倍受青睐。随着现代科技的迅速发展，服饰图案中的花卉图案已经成为领导流行的主体，像提花、晕染效果的图案、水彩风格的大型花卉图案，或整洁、或凌乱的搭配。面料的推陈出新，大大改变了花卉图案的尴尬，以前一些不能实现的花型，在现代技术的加工下，都表现得淋漓尽致。

大量的色织提花、套色交织、平纹印花技术，对于花卉的描述充分并且生动。在花型方面，打破了传统花卉的旧手法，粗细的变化表现花卉的婀娜，深浅的变化表现花卉的立体形式。还有充满童趣色彩、对比明显的图案，可以用于童装的设计。抽象花卉图案的创新，摆脱时代的束缚，在现代技术的辅助下，尽现前卫的风采。另外，现代的珠绣技术，更是将花卉包装的富贵典雅，亮闪闪的珠花、绣片、金属丝线，使得服装金碧辉煌。

无论是传统的刺绣工艺，还是现代的染色技术，无疑都是在表现花型、花色。传统的花卉图案保持着古香古色的气息，运用在现代服装上面，平添了几分雅致和复古情怀。现代花卉的运用，更是如鱼得水，印染在飘逸的雪纺、光亮的丝绸、轻薄的纱或化纤织物上，激活了花的灵气。

服饰图案艺术包罗万象，服饰图案中的花卉图案艺术在经历无数

的变迁之后，更加丰富了服装的内涵。据专家预测，在今后的流行趋势里，服饰图案还会以花卉为主，或者是花的变形，表现形式趋于多样化，比如镂空的蕾丝、塑料或者金属制品等等。各种具象的、抽象的花卉图案将呈现在我们眼前，我们会穿着花卉图案的服装，沐浴在缤纷的四季。

婚宴桌上的鲜花装饰文化

（1）春季婚宴桌

春季是万物复苏的季节，因此在布置婚宴桌时也要注意选择活泼的主题。维多利亚时代风格的浅色调桌布是不错的选择，精致典雅的杯碟用品都传递出古典的气息。而在餐桌中心忘掉放玫瑰花这种俗套的东西吧，可以放一些从花园采摘的春季鲜花，这些鲜花可以给房间带来春的气息。

（2）夏季婚宴桌

在炎热的夏季为了使人享受到清凉的感觉，婚宴桌要摆放得简洁干净，可以用亚麻布装饰婚宴桌，也没必要选择那种奇形怪状的花式酒杯，粉红色的马提尼酒杯一样可以让鸡尾酒诱人。橘红色可以成为婚宴桌布的主色调，在透明玻璃花

瓶中插上紫色和橙色的兰花，将会洋溢着浓烈的热带风情，客人们在回家时也可以随手将一些兰花带走。

（3）秋季婚宴桌

秋天是收获的季节，因此可以在餐桌的花瓶里插上各种秋季的花朵和植物叶子。在桌布方面，可以选择粗麻布，并用秋日的浆果装饰餐巾，秋季餐桌的主色调可以为红色、橘红色或黄色。大丽花束、浆果甚至小松球都可以装饰婚宴桌，其他季节的如玫瑰等一样可以选择，记住在布置秋季婚宴桌时丰盛和色彩绚丽是非常适合这个时令的。

（4）冬季婚宴桌

摆上几个盛有点燃蜡烛的烛台以及一些我国瓷器，冬季餐桌会变得更加温暖。在选择餐桌布时，最好挑选类似宝石红的颜色。在餐桌椅上不要忘记放上椅垫，此外，在餐桌烛台的四周也要放上一些花簇，这样的摆设会让冬季的餐桌显得特别温馨。客人的座椅可以选择华丽的丝绒装饰，以配合婚礼之日的气氛。婚宴桌的上方可以装饰典雅富丽的大烛台和红色的玫瑰花球，在烛台周围可以悬挂一些可爱的婚礼小玩意。

名人与花

虞美人与楚霸王

虞美人又叫丽春花，也叫蝴蝶满园春，是一种罂粟科罂粟属的草本植物。它原产于欧洲、亚洲的温带地区。它的叶片不大，叶为互生状，并且有不整齐的粗锯齿边。植株也不高，小小巧巧的样子。它的花儿常常是单独一朵开在长长的花梗上。特别是当花儿还是含苞待放的时候，花蕾总是微微下垂，仿佛是美人因含羞而低垂着她那小小的头，给人一种“千呼万唤始出来，犹抱琵琶半遮面”的娇羞不胜的感觉，要等到它完全开放了，才会抬起它那美丽的“头”，露出白里透红的脸蛋。虞美人花是先白后红，并且现在的品种中有很多是白边红花或是红边白花的颜色，显得格外别致，另有一番风韵。

虞美人这美丽的花名很奇特，它怎么会有这样一个别具一格的名称呢？据民间传说，这与楚汉相争时的楚霸王项羽的宠妃虞姬有关。当年“身长八尺、力能扛鼎、才气过人”的楚霸王项羽，一朝兵败垓下，被刘邦重兵围困，眼看兵少食尽，将士们疲惫不堪，饥饿难挨。又夜间四面楚歌，人心惶惶。楚霸

王夜不能寐，心情烦闷地坐在军帐中饮酒。当时，面对他宠幸的美人虞姬，面对多年伴他驰骋战场的骏马，楚霸王抚今追昔，感慨良多，心潮难平。后来，他就情不自禁地慷慨悲歌：“力拔山兮气盖世，时不利兮骓不逝。骓不逝兮可奈何！虞兮虞兮奈若何！”

虞姬含泪和着楚霸王的歌声一起唱，两人反复唱了几遍，唱完之后，楚霸王也忍不住流下了英雄泪，虞姬和左右随从也都泣不成声。虞姬虽然得到项王宠爱，与项王难舍难分，但她也是最理解项王为人的，她深知项羽是“生当作人杰，死亦为鬼雄”的英雄。为了不使项王为难，她抢先拔剑自刎了。楚霸王见此，悲痛万分，随即也拔剑自刎了。后来，在虞姬血染的地方就长出了一种罕见的艳美花草，人们为了纪念这位美丽多情又柔骨侠肠的虞姬，就把这种不知名的花叫做“虞美人”。这名称就一直流传到今天。

今天，“虞美人”花已开遍我国的大江南北。

李白醉饮牡丹

唐玄宗在位时，长安牡丹空前繁盛。一年暮春，唐玄宗来到兴庆池东边的沉香亭前观赏牡丹。有大臣说，有一棵牡丹一天四色，早上深红，中午深青，晚上深黄，半夜又成了粉白色。唐玄宗听罢，留宿看牡丹，叹道：真乃奇花。过了几天，唐玄宗又带杨贵妃前来赏牡丹，

让乐师李龟年助兴。唱了几曲，玄宗听了全是旧词，不悦："赏名花，

对妃子，焉用旧词？"令速召翰林学士李白进宫。烂醉的李白被带进沉香亭，唐玄宗即要他作诗助兴。

李白望着眼前盛开的牡丹，娇艳的美人，诗兴大发，一气呵成《清平乐》三首：

（一）

云想衣裳花想容，春风拂槛露华浓。

若非群玉山头见，会向瑶台月下逢。

（二）

一枝红艳露凝香，云雨巫山枉断肠。

借问汉宫谁得似，可怜飞燕倚新妆。

（三）

名花倾国两相欢，常得君王带笑看。

解释春风无限恨，沉香亭北倚栏杆。

三首诗一气呵成，花即人，人即花。唐玄宗细细品味，觉得把杨贵妃写得比牡丹还美，很是满意。

陆游以梅言志

宋代诗人陆游的《卜算子·咏梅》，将梅的精神推向了极至：

驿外断桥边，寞寂开无主。已是黄昏独自愁，更著风和雨。

无意苦争春，一任群芳妒。零落成泥碾作尘，只有香如故。

陆游笔下的梅花是这样的：开在驿站、断桥边上，无人理睬，独自忍受着寂寞与孤独。到了黄昏之时，凛冽的寒风吹袭着她。风雨使花瓣飘零，被践踏成泥土，多么凄凉而又无助。陆游借梅来言志，处于逆境中的陆游不会屈服，他要像梅花一样，即使被车轮碾为泥土也不愿失去自身高洁的品性。

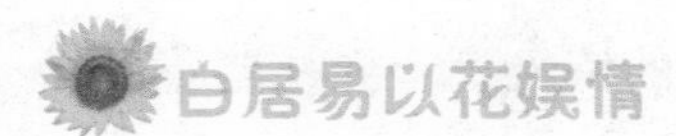

白居易以花娱情

白居易一生屡遭贬谪，他在各处贬所总是大力养花赏花，以此来美化荒僻贬所的环境，消遣他的贬谪时光，忘掉官场失意的烦恼。这种花下生活，消蚀了他“兼济天下”的进取精神，诗歌创作也失去了“讽喻诗”的锋芒，写下了大量的“闲适诗”。他十分喜爱、欣赏山野之花，特别倾情于被时俗冷淡的白花，这也跟他遭受冷落，贬地僻远的遭遇有关。白居易写花极富情韵，以花喻人，鲜活生动，得其神似。

唐元和十年，白居易被贬官江州司马，见到山石榴就非常喜欢，并尝试自己栽培，有《戏问山石榴》诗为证：

小树山榴近砌栽，半含红萼带花来。争知司马夫人妒，移到庭前花不开。

白居易在诗中幽默解嘲地认为“移到庭前花不开”，是因为他太爱这“花中西施”了（现在人们还常常这样比喻）。

元和十一年，白居易作诗《山石榴寄元九》：

江城上佐闲无事，山下斫得厅前栽。烂漫一栏十八树，根株有数花无数。

又有《题山石榴花》一诗曰：

蔷薇带刺攀应难，菡萏生泥玩亦难。怎及此花檐户下，任人采弄任人玩。

元和十四年春，诗人从江州司马任上调任忠州刺史，又把江州庐山的杜鹃花带往忠州。有白居易《喜山石榴花开》一诗为证：

忠州州里今日花，庐山山头去时树。已怜根损斩新栽，还喜花开依旧数。

这时的诗人，侍弄杜鹃花已经非常娴熟，以至于“花开依旧数”。

大和二年，白居易官至刑部侍郎，到长安做了京官，又把杜鹃花带到大西北干燥的西安，照样培育得很好。其《山石榴十二韵》是这样写的：

艳夭宜小院，修短称低廊。

本是山头物，今为砌下芳。

千丛相向背，万朵互低昂。

以上文字表明，白居易是最早栽培杜鹃花的文人雅士之一，最起码是非常钟爱杜鹃花的人了。

苏东坡独钟海棠

苏东坡对海棠花情有独钟，而且更难得的是，别的诗人咏海棠，或惊叹花的美艳，或将海棠花比作美丽的少女，赞颂她的娇艳可爱——如刘兼云“淡淡红色不深，依依偏得似春心”，陈与义云“海棠不惜胭脂色，独立蒙古族细雨

中”，而东坡居士笔下的《海棠》诗却是：

东风袅袅泛崇光，香雾空蒙月转廊。

只恐夜深花睡去，故烧高烛照红妆。

苏东坡面对盛开的海棠花，不仅白天看不够，到了夜晚还不肯离去，担心“夜深花睡去”，需要点亮蜡烛继续观赏，真是到了痴迷的地步。

爱兰如命的张学良

张学良先生半生戎马，半生囚徒，是位颇具传奇色彩的人物。兰花在张学良先生的生活中占据了极为重要的位置。他多次对身边的人讲：“我以兰为伴，如亲良友，如饮醇醪，令人万虑俱消，有潇洒出

尘之想。是兰为名花，不但足以赏心悦目，更可以陶冶性情。”在张学良先生的住所有各类兰花达百十

盆，他每天都要亲自浇水、施肥、除害虫，而且他还为所莳养的兰花题名，如：“大勋”“绿荷”“宝岛仙女”“玉雪天香”“樱姬”等，从中流露出其爱兰之深情。

虽然张学良先生年事已高，但是每逢有“兰展”，他都要兴致勃勃地前往观赏，并且带上他亲自养护的兰花去参展。他常说：“养兰花是一种享受，譬如浇水、施肥、搬花、给予它们适度的阴凉和合适的阳光……为了养好兰花，我买了有关兰花的书籍和杂志，并且向这一方面的专家请教。”他还说：“兰花是花中君子，其香也淡，其姿也雅，正因如此，我觉得兰的境界幽远。”

毛泽东与梅

毛泽东同志喜欢梅花是人尽皆知的，他赋予了梅花一种崭新的形象。以其自己独特的经历，再读陆游的词之后，反其意而用之，写下了著名的诗词《卜算子·咏梅》，写出了梅花坚贞傲骨的不屈形象。

卜算子·咏梅

——毛泽东

风雨送春归，飞雪迎春到。已

是悬崖百丈冰，犹有花枝俏。

俏也不争春，只把春来报。待到山花烂漫时，她在丛中笑。

周恩来与花

周恩来也是一位爱花之人。他十分关心洛阳牡丹。1959 年秋，周恩来首次来洛阳，就问起牡丹的情况，当他得知牡丹已濒临绝境时，很是着急，说牡丹是我国民族兴旺发达、美好幸福的象征，指示赶快抢救。1961 年秋，周恩来陪同尼泊尔贵宾游览，再次来到洛阳，又问起了牡丹。1973 年深秋，周恩来陪同加拿大总理又一次来洛阳，得知牡丹得到发展、繁荣，十分高兴，但又很惋惜，说自己与牡丹无缘，每次都是秋天来洛阳。科研人员没有忘记周恩来的话，通过研究，终于改变了牡丹的自然花期，延长了花时。如今的洛阳牡丹基本上可以做到“四季花开随人意，春来春去不相关”。

1954 年 4 月，周恩来在日内瓦参加一个国际会议，在居住地看到一种树盛开白花，形似鸽子，煞

是喜爱。一打听，得知此种花树引进于我国。回国后，他立即向植物专家了解，才知道这是一种产于云南名为鸽子花树的珍贵花树种。后来，鸽子花树被推广种植。如今鸽子花树已成为世界著名花树。

1957 年 2 月 1 日，周恩来应邀访问斯里兰卡。在这里，周恩来曾亲手栽种一株美丽的凌霄花，当作和平与友谊的象征。20 年后，1977 年 4 月邓颖超也应邀访问了斯里兰卡，在周恩来种植凌霄花的附近，又栽种了一棵“花后树”。两棵凌霄花象征着中斯两国人民的深厚情谊世代相传。

周恩来爱花，尤爱马蹄莲、海棠花、君子兰。他爱马蹄莲洁白、纯洁，他的办公室常摆着马蹄莲。1964 年 11 月，周恩来出访苏联归来，毛泽东等党和国家领导人到北京机场迎接时，还带去了一束正在盛开的马蹄莲。周恩来还爱海棠花的旺盛生命力和非凡气势。据说，1946 年国共谈判住在南京梅园新村时，他常在空隙时间观赏海棠花。他北京的住所，栽有许多海棠花，还曾请友好国家使者来家里欣赏海棠。周恩来爱君子兰堂堂正正，气节高雅。他去世后，工作人员曾在他遗体旁摆放了许多君子兰。

花与中国文学

千百年来，花深深地渗透进了我国文化之中，形成了源远流长、博大精深的花文化。美丽的花儿代表了人类许多的情感，如爱情、亲情、友情、敬仰之情；鲜花还象征了人类的许多精神，如坚忍、自由、高贵、雅洁等等；鲜花更是人类美好愿望的寄托，如长寿、幸福、吉祥、财富……赏花、咏花、赞花、论花，花和我国文学有着说不尽、道不完、评不够、议不厌的不解之缘。

我国是花的国度，也是诗的国度。自古爱花的趣闻轶事不胜枚举。屈原以兰喻己，陶潜采菊东篱，诗仙醉卧花阴，杜甫对花溅泪。在众多我国文人心中，花是诗词歌赋取之不尽的吟咏题材，是名词佳句闪耀灵光的源头所在。花的出现成就了一个文学的国度，使得文学的殿堂姹紫嫣红、精彩纷呈。

从《诗经》中描绘桃花的“桃之夭夭，灼灼其华”，到晋代陶渊明脍炙人口的品评菊花的“采菊东篱下，悠然见南山”，从宋代叶绍翁笔下“春色满园关不住，一枝红杏出墙来”那烂漫的杏花，到元代王冕“不用人夸颜色好，只留清气满乾坤”那清丽素洁的梅花。千百年来，这些优美的诗句众口相传，诗中优美的意境陶冶了一代又一代人的情操。

花根植于我国文化之中，人品

和花格的相互渗透是这一文化现象的集中体现。人格寄托于花格，花格依附于人格，二者不可分离。

我国文人赏花时并不是单单欣赏花儿美丽的外表，他们常常把花木当作与人类在本质上具有一致性的灵性之物来对待。因此，他们在对花木的审美过程中，往往会自觉或不自觉地把自己的心情、感受借助花木表达出来。

从古至今，许多骚人墨客都为花写下动人篇章，在这些文学作品中，花已经成为一种向往与崇敬的精神境界，成为德行品性的象征。“梅标清骨，兰挺幽芳，茶呈雅韵，李谢弄妆，杏娇疏丽，菊傲严霜，水仙冰肌玉肤，牡丹国色天香，玉树亭亭皆砌，金莲冉冉池塘，丹桂飘香月窟，芙蓉冷艳寒江”。不同的花成为不同德行的象征，是不同品性的人喜爱崇敬的对象。“零落成泥碾作尘，只有香如故”，写的是梅花的清韵高洁；“锦烂重阳节到时，繁华梦里傲霜枝”，道的是菊花的坚忍顽强；“知有清芬能解秽，更怜细叶巧凌霜”，赞的是兰花的幽香高雅。

文人不仅以花入诗，很多词牌名、曲牌名也与花相关联。如《采莲子》《醉花阴》《山花子》《荷叶杯》《木兰花》《一剪梅》《桂枝香》等，由此可见花与诗词的深厚渊源。

花不仅使诗的国度璀璨多姿，在我国成语和俗语中以花做比喻的条目也随处可见，“拜倒在石榴裙下”“丁香结”“步步莲花”“笔下

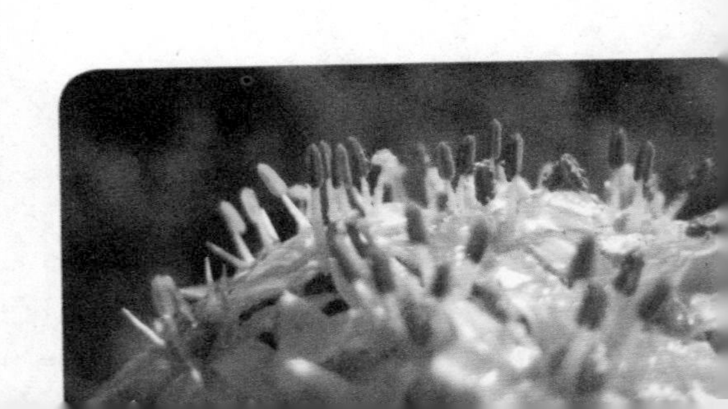

生花”“闭月羞花”“羯鼓催花”都和花有关。在戏曲、小说、散文中我们也可以寻觅到花的踪影。戏曲中有明代汤显祖的名剧《牡丹亭》、吴炳的《绿牡丹》、周朝俊的《红梅记》、现代评剧《花为媒》。小说中，蒲松龄的《聊斋志异》也有许多篇章与花相关，如《葛中》《黄英》《莲花公主》《荷花三娘子》等，其中的主人公均以花仙、花精的身份来塑造文学形象。其他小说作品如《海上花》《镜花缘》《红楼梦》《红玫瑰与白玫瑰》《梦里花落知多少》，从书名中我们就可以感受到花的魅力。花令我们的文学更加摇曳多姿，花让我们的生活更加丰富多彩。

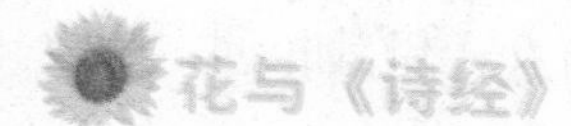

花与《诗经》

《诗经》是我国最早的一本诗歌总集，在其305篇作品中提到的花草多达132种，其中以花喻人、以花喻事、借花抒情、借花达意的篇幅也在30篇左右。

花是浪漫的象征、美丽的代表。花的精细、柔嫩、敏感、漂亮都和女人一样，让人觉得花就是女人，女人就是花。以花喻女子，借花拟女子是我国古代文学的一大传统。《诗经》中直接把花比作美人的就有三处。《郑风·有女同车》里就有“有女同车，颜如舜华”。舜，就是木槿花。《郑风·出其东门》也有“有女如荼”的比喻。荼，就是茅花，颜色洁白，轻巧可爱。《魏风·汾沮洳》中有“彼其之子，美如英”。英，就是华，盛开的花的意思。

梅花是一种高格逸韵的花卉，它剪冰裁雪、冰清玉洁的品性深受

人们的喜爱。对梅花的欣赏，可以追溯到《诗经》中。《诗经·小雅·四月》中提到“山有佳卉，侯栗侯梅”，这里的“佳卉”就是指梅花，也包括梅的果实在内。

我国关于荷花的记载历史十分悠久。《诗经》中就有关于荷花的描述“山有扶苏,隰与荷华”“彼泽之陂，有蒲与荷”“彼泽之陂，有蒲与蕑”“彼泽之陂,有蒲菡萏”。

九重葛又称“三角花”“叶子花”“三角梅”，夏季开花，花三朵簇生枝端，花下各托一大型红色苞片，三片相聚，好似花瓣，非常美丽。《诗经》是我国最早记载葛的典籍：“绵绵葛藟，在河之浒。终远兄弟，谓他人父。谓他人父，亦莫我顾！绵绵葛藟，在河之涣。终远兄弟，

谓他人母。谓他人母，亦莫我有！绵绵葛藟，在河之漘。终远兄弟，谓他人昆。谓他人昆,亦莫我闻！”

咏兰诗几乎与我国文学同时产生，在我国最早的部诗歌总集《诗经·郑风·溱洧》中，就有一首生动美丽的兰诗:“溱与洧,方涣涣兮。士与女，方秉蕳兮。女日观乎？士日既且，且往观乎？洧之外，洵吁且乐。维士与女，伊其相谑，赠之以勺药。溱与洧，浏其清矣。土与女，殷其盈兮。女日观乎？士日既且，且往观乎？洧之外，洵吁且乐。维士与女,伊其将谑,赠之以勺药。”全诗以愉悦、轻松的笔调，把郑国风俗在每年三月初三于溱、洧两

河边举行盛大集会时，一对男女青年相约去河边游玩的情景写了出来，并日用一束兰花和一把芍药把男女青年的情意连结了起来。而比喻男女互赠礼物以示相爱的成语“采兰赠药”也来源于此。

芍药与牡丹是一对姊妹花，娇媚多姿，花色浓艳。我国栽培芍药可追溯到殷商时代。这篇诗歌还提到：“维士与女，伊其相谑，赠之以勺药。”诗中勺药即是芍药，另外一种说法是，这种芍药与我们今天所说的芍药不同，而是一种香草。

西方以康乃馨作为母亲花，我国也有一种母亲之花，它就是萱草花。远在《诗经·卫风·伯兮》里记载：“焉得谖草，言树之背？”谖草就是萱草，古人又叫它“忘忧草”。这句话的意思就是：我到哪里弄到一支萱草，种在母亲堂前，让母亲乐而忘忧呢？古代经常把萱草种在北堂，北堂是妇女居住的地方，后来就把母亲住的屋子叫作“萱堂”“萱室”，以萱草代替母爱成为一种传统。如孟郊的游子诗：“萱草生堂阶，游子行天涯；慈母依堂前，不见萱草花。”叶梦得的诗云“白发萱堂上，孩儿更共怀。”萱草就成了母亲的代称，自然也就成了我国的母亲之花。

朵朵娇艳的鲜花除了观赏外，

还秀色可餐，以花入菜、以花作果、以花品茶，都是很好的花宴。《诗经·豳风·七月》就有“春日迟迟，采蘩祈祈”的记述，这是我国以花为食的最早记载。“蘩”是一种开白色小花的野菊，古人采撷以做祭祀之用，此外，可以入药，还能食用。

花与《红楼梦》

《红楼梦》描绘了一个美女争艳、才女云集的女儿国，花卉与女性有着不解之缘。闲适时光赏花吟诗成为红楼女儿雅事、乐事、趣事、美事。《红楼梦》中有很多吟花诗作，这些诗词或写景抒情或情景交融或托物言志，既是小说的有机构成之一，又恰到好处地展现了人物性情。

第二十七回《滴翠亭杨妃戏彩蝶 埋香冢飞燕泣残红》中黛玉因误会与宝玉闹别扭，又恰巧正逢饯花的日子。此时，黛玉满腔怨气没有发泄出来，又勾起伤春感怀的愁思。因此把残花落瓣拿去掩埋，情不自禁地感伤起来。

花谢花飞花满天，红消香断有谁怜？

游丝软系飘春榭，落絮轻沾扑绣帘。

闺中女儿惜春暮，愁绪满怀无释处，

手把花锄出绣闺，忍踏落花来复去。

柳丝榆荚自芳菲，不管桃飘与

李飞。

桃李明年能再发，明年闺中知有谁？

三月香巢已垒成，梁间燕子太无情！

明年花发虽可啄，却不道人去梁空巢也倾。

一年三百六十日，风刀霜剑严相逼，

明媚鲜妍能几时，一朝飘泊难寻觅。

花开易见落难寻，阶前闷杀葬花人，

独倚花锄泪暗洒，洒上空枝见血痕。

杜鹃无语正黄昏，荷锄归去掩重门。

青灯照壁人初睡，冷雨敲窗被未温。

怪奴底事倍伤神，半为怜春半恼春：

怜春忽至恼忽去，至又无言去不闻。

昨宵庭外悲歌发，知是花魂与乌魂？

花魂乌魂总难留，乌自无言花自羞。

愿奴胁下生双翼，随花飞到天尽头。

天尽头，何处有香丘？

未若锦囊收艳骨，一抔净土掩风流。

质本洁来还洁去，强于污淖陷渠沟。

尔今死去侬收葬，未卜侬身何日丧？

侬今葬花人笑痴，他

年葬侬知是谁?

试看春残花渐落，便是红颜老死时。

一朝春尽红颜老，花落人亡两不知!

这就是让人为之动容的《葬花吟》,《葬花吟》又称《葬花辞》,是林黛玉感叹身世遭遇的代表之作，也是曹雪芹借以塑造这一艺术形象、表现其性格特性的重要作品。诗中以花比人，借花自喻，哀婉凄恻，如泣如诉。这首诗抒发了哀伤凄恻，也包含着抑塞不平之气，寄托了对世态炎凉、人情冷暖的愤懑以及品性高洁、不甘低头屈服的孤傲不阿的性格。

花的成语

寒花晚节：寒花，寒天的花，晚节，晚年的节操。比喻人晚节高尚。宋·韩琦《重阳》诗："不羞老圃秋容淡，且看寒花晚节香。"有时也作"黄花晚节",黄花指菊花。

明日黄花：黄花即菊花。原来是说重阳节已过，菊花即将枯萎，没有什么可以玩赏的了。后来用于比喻过时的事物。出自宋·苏轼《九月次韵王巩》一诗："相逢不用忙归去，明日黄花蝶也愁。"

流水桃花：形容春日美景，也比喻男女爱情。唐·李白《山中问答》诗"桃花流水固然去，别有天地非人间。"

梨花带雨：像沾着雨点的梨花一样。原形容杨贵妃哭泣时的姿态，后用以形容女子的娇美。出自唐·白居易《长恨歌》："玉容寂寞泪阑干，梨花一枝春带雨。"

出水芙蓉：芙蓉，刚开放的荷花。原比喻诗文清新自然，后用以形容天然艳丽的女子。出自南朝·梁钟嵘《诗品》卷中"谢（谢灵运）诗如芙蓉出水，颜如错彩镂金。"又作"芙蓉出水""初发芙蓉"或"芙蓉初发"。

芙蓉并蒂：花或瓜果跟枝茎相连的部分，芙蓉，荷花的别名。两朵荷花并生一蒂，比喻夫妻相亲相爱，也比喻两者可以相媲美。出自唐·皇甫松《竹枝词》："芙蓉并蒂一心连，花侵隔子眼应穿。"

步步莲花：原形容女子步态轻盈，后常比喻渐入佳境。出自《南史·齐本纪下》："又凿金为莲华以贴地，令潘妃行其上，曰：'此步步生莲华也。'据说，南朝齐废帝昏聩荒淫，曾命人为潘妃大造宫殿，将寺庙的金粉凿下，制成金叶莲花贴地，让潘妃在上面行走，称"步步莲花"，又称"步步生莲花"。

蟾宫折桂：蟾宫指月宫，攀折月宫桂花，科举时代比喻应考得中。出自《晋书·郤诜传》："武帝于东堂会送，问诜曰：‘卿自以为如何？’诜对曰：‘臣鉴贤良对策，为天下第一，犹桂林之一枝，昆山之片玉。’”

甘棠遗爱：甘棠，木名，即棠梨；遗留爱，恩惠恩泽。旧时颂扬离去的地方官。出自《诗经·周南·甘棠》：“蔽芾甘棠，勿翦勿伐，召伯所茇；蔽芾甘棠，勿翦勿拜，召伯所说。”故事传说，周朝大臣召公到南国巡查，曾在一株甘棠树下休息。他走后，人们因为怀念他，就特别爱护那株甘棠树。

昙花一现：原为佛家用语。昙花，即优昙钵花，花期极为短暂。《妙法莲华经·方便品第二》：“佛告舍利弗，如是妙法，诸佛如来，时乃说之，如优昙钵花，时一见耳。”华，同花，原意是比喻妙法难得，后来多用来比喻事物偶然一现，随即消失。

（1）海棠与史湘云

海棠花有“睡美人”之誉。这一典故出自宋代释惠洪《冷斋诗话》记载：唐明皇登沉香亭，召杨贵妃，碰巧杨贵妃酒醉未醒，高力士使侍儿扶持而出，贵妃仍醉未醒，鬓乱残妆。唐明皇见状笑道“岂妃子醉，直海棠春睡耳！”这一妙喻致使众多文人墨客歌赋传颂，宋代苏东坡

据此写了一首《海棠》诗："东风弱弱泛崇光，香雾空朦月转廊。恐夜深花睡去，故烧高烛照红妆。"再次艺术地把海棠比作睡美人。

史湘云为贾母的侄孙女。虽为豪门千金，但她从小父母双亡，由叔父史鼎抚养，而婶婶对她并不好。在叔叔家，她一点儿也作不得主，且不时要做针线活至三更。她的身世与林黛玉有些相似，但她没有林黛玉的叛逆精神，且在一定程度上受到薛宝钗的影响。她心直口快，开朗豪爽，爱淘气，甚至敢于喝醉酒后在园子里的大青石上睡大觉。她和宝玉也算是好朋友，在一起时，有时亲热，有时也会恼火，但她襟怀坦荡，从未把儿女私情略萦心上。后嫁与卫若兰，婚后不久，丈夫即得暴病，后成痨症而亡，史湘云立志守寡终身。

在《红楼梦》中，作者曹雪芹多次把海棠这一典故加以套用、渲染，如第十八回，宝玉《怡红快绿》一诗中有句"红妆夜未眠"

也是把海棠比喻为睡美人。在第六十二回《憨湘云醉卧芍药烟》中有一段精彩的描述："湘云真的在花丛中的一个石凳子上睡着了，四面芍药花飞了一身，满头脸衣服皆是红香散乱，手中的扇子在地下，也半被花埋了。一群蜂蝶闹嚷嚷地围着她，又用鲛帕包了一包芍花瓣枕着……"表面写的是"芍药花"实即是指"海棠春睡"。因而在第六十三回，湘云抽到的又是一根海棠签，题着"春梦沉酣"，诗云"只恐夜深花睡去"，黛玉即笑道"夜深"两个字，改为"石凉"两个字，实即说明了作者是把湘云指喻为海棠的。

（2）杨贵妃"羞花"

"羞花"说的是杨贵妃。话说唐朝开元年间，唐明皇骄奢淫逸，派出人马，四处搜寻美女。当时寿邸县的宏农杨元琰，有一美貌女儿叫杨玉环，被选进宫来。杨玉环进宫后，思念家乡。一天，她到花园赏花散心，看见盛开的牡丹、月季……想自己被关在宫内，虚度青春，不胜叹息，对着盛开的花说："花呀，花呀！你年年岁岁还有盛开之时，我什么时候才有出头之日？"

声泪俱下，她刚一摸花。花瓣立即收缩，绿叶卷起低下。哪想到，她摸的是含羞草。

这事被一宫娥看见，宫娥到处说，杨玉环和花比美，花儿都含羞低下了头。这件事传到明皇耳朵里，便喜出望外，当即选杨玉环来见驾，杨玉环浓装艳抹，梳洗打扮后觐见，明皇一见，果然美貌无比，便将杨玉环留在身旁侍候。

由于杨玉环善于献媚取宠，深得明皇欢心，不久就升为贵妃。杨贵妃得势后，与其兄杨国忠串通一气，玩弄权术，陷害忠良。安史之乱发生以后，明皇携着贵妃和文武大臣西逃，安禄山率兵追赶，不仅要唐朝的江山，还要美女杨贵妃。西逃路上，大臣们质问明皇，国破家亡，社稷难存，你要江山还是要贵妃，贵妃不死，我们各奔西东。万般无奈，明皇赐贵妃一死，自缢于梨园的梨花树下。后来，大诗人白居易写了一首《长恨歌》，记叙的就是这段历史。

（3）“拜倒在石榴裙下”的来历

“拜倒在石榴裙下”是一句比喻男子对风流女性崇拜倾倒的俗语，这句俗语的产生与唐明皇和杨贵妃有关。

据说杨贵妃很喜欢石榴，为此，唐明皇在华清宫附近种了不少石榴供她观赏。唐明皇爱看杨贵妃酒后的醉态，常把贵妃灌醉以观赏她那妩媚之态。而石榴是可以醒酒的，故在观赏之后，唐明皇常剥石榴喂到杨贵妃口中。朝中大臣对此很是看不过去，对杨贵妃怨言日生，杨贵妃为此很不高兴。

一天，唐明皇邀群臣宴会，请杨贵妃弹曲助兴。杨贵妃在曲子奏到最精彩动听之时，故意把一根弦弄断，使曲子不能弹奏下去。唐明皇忙问是什么原因，杨贵妃乘机说，因为听曲的臣子对她不恭敬，司曲之神为她鸣不平，故把弦弄断了。唐明皇很相信她的话，于是降下旨意：以后无论将相大臣，凡见贵妃均须行跪拜礼，否则格杀不赦。从此，大臣们见到杨贵妃都诚惶诚恐地拜倒在地。

因为杨贵妃平日总喜欢穿绣有石榴的裙子，所以那些大臣私下都用“拜倒在石榴裙下”的话来开玩笑。

各国名花

日本樱花

樱花一般是指蔷薇科梅属中樱桃亚属和少数桂樱亚属植物。原产北半球温带喜马拉雅山地区，包括日本、印度北部、我国长江流域、台湾、朝鲜。在世界各地都有栽培，以日本樱花最为著名，共有200多个品种。因此，日本被誉称“樱花之国”。

樱花既有梅之幽香又有桃之艳丽，群体花期为2月底至4月上旬，日本樱花中的许多品种一般在3月底或4月初开花。樱花花色丰富，樱花单叶互生，叶有锯齿，叶柄和叶片基部常有腺体。单瓣樱花的花瓣、萼片常为5枚。雄蕊30至40枚，雌蕊1枚。

樱花热烈、纯洁、高尚，严冬过后是它最先把春天的气息带给日本人民。作为日本的国花，樱花深受日本人与游客的喜爱。樱花的花季是4月，由南往北依次盛开，最

早可以观赏到樱花的是冲绳岛，而最姗姗来迟的樱花则是全日本最寒冷的北海道。樱花的花期不长，盛开的时间一般为10天，就如一片粉色的云彩由南往北飘过整个日本。

樱花绽放时，在公园及街道的赏花处，便可闻到淡淡的花香和欣赏到红色、粉红色和白色的樱花。日本政府把每年的3月15日至4月15日定为“樱花节”。每当这时，日本各地都会举行大大小小的“樱花祭”，亲朋好友围坐在樱花树下，取出各自准备的便当（饭盒），饮着香槟或是日本清酒，谈笑风生，身边还不时有花瓣随清风掠过，赏花的人群无论是认识或是不认识的，都会不时点头打招呼，甚至交换食品。与其说是赏花，不如说是赏花让大家有了一个真正的“家庭日”和“友谊日”，难怪日本人乐此不疲，甚至有些公司将赏樱花列为公司的“指定项目”。

樱花的生命很短暂。在日本有一民谚说：“樱花7日”，就是一朵樱花从开放到凋谢大约为7天，整棵樱树从开花到全谢大约16天左右，形成樱花边开边落的特点。也正是这一特点才使樱花有这么大的魅力。被尊为国花，不仅是因为它的妩媚娇艳，更重要的是它经历短暂的灿烂后随即凋谢的“壮烈”。

“欲问大和魂，朝阳底下看山樱”。日本人认为人生短暂，活着就要像樱花一样灿烂，即使死，也该果断离去。樱花凋落时，不污不染，很干脆，被尊为日本精神。

荷兰郁金香

郁金香作为荷兰主要的出口观

赏作物，成为荷兰经济命脉之一，和风车并称为荷兰的象征。

郁金香原产于地中海南北沿岸及中亚细亚和伊朗、土耳其、东至我国的东北地区等地，确切起源已难于考证，但现时多认为起源于锡兰及地中海偏西南方向。而今郁金香已普遍地在世界各个角落种植，其中以荷兰栽培最为盛行，成为商品性生产。我国各地庭院中也多有栽培。

郁金香属长日照花卉，性喜向阳、避风，冬季温暖湿润，夏季凉爽干燥的气候。8℃以上即可正常生长，一般可耐 -14℃低温。耐寒性很强，在严寒地区如有厚雪覆盖，鳞茎就可在露地越冬。但怕酷暑，如果夏天来得早，盛夏又很炎热，则鳞茎休眠后难于度夏。要求腐殖质丰富、疏松肥沃、排水良好的微酸性沙质壤土，忌碱土。

19 世纪，法国作家大仲马所写的传奇小说《黑郁金香》，赞美这种花“艳丽得叫人睁不开眼睛，完美得让人透不过气来”。其实，纯黑的花是没有的。黑郁金香所开的黑花，并不是真正的黑色，它有如黑玫瑰一样，是红到发紫的暗紫色罢了。这些黑花大都是通过人工杂交培育出来的杂种。诸如荷兰所产的“黛颜寡妇”“绝代佳丽”“黑人皇后”等品种所开的花都不是纯黑的。

德国矢车菊

矢车菊是德国的国花。矢车菊象征幸福的小花朵在欧洲的乡间小路上、玉米田里，都可以看见矢车菊湛蓝娇小的可爱身影，散发出淡淡清香。蓝色的花朵是很独特的元素，丰富了花茶的视觉及风味。

矢车菊是庞大的菊科家庭中的一员，欧洲是矢车菊的故乡。地处中欧的德国，在山坡、田野、房前屋后、路边和水畔都有矢车菊的踪迹。每年的夏季都是矢车菊开花的季节，不大不小的头状花序生长在纤细茎杆的顶端，宛若一个个娟秀的少女，面向着“生命之光”——太阳光，祈祷幸福、欢乐。淡紫色、淡红色及白色的素雅花朵，散发出阵阵清幽的香气，表现出少女般的娴淑品质，博得德国人民的赞美，被誉为德国的国花。诗人用美妙的语言歌颂它，画家用艳丽的笔墨描绘它：说它的花能启示人们小心谨慎，虚心学习。这正是德国人民处世虚心、谨慎，谦和之风的真实写照。

坦桑尼亚丁香花

东非高原南部的坦桑尼亚，有一个在印度洋中的小岛——奔巴岛。面积不过980平方千米的岛上，生长着360万株丁香树，成为举世闻名的“丁香之岛”，这里被人称为“世界上最香的地方”。它与“姐妹岛”——桑给巴尔岛上的100万株丁香树，所产的丁香总量，占国际市场的80%。丁香的产值占当地政府总收入的96%以上，当地居民把丁香树誉为“摇钱树”确实名不虚传。

丁香的经济价值很高，是一种名贵香料和药材。丁香油不仅是食品、香烟等的调配料，还是高级化妆品的主要原料，又是牙科药物中不可缺少的防腐镇痛剂。作为商品的部位是含苞待放的丁香花蕾，它的叶片也含有香素。海风吹来，满林飘香，直沁心脾。每年丁香花可收获两次，粒粒丁香浸透着花农们的心血。慕名而来的游客，络绎不绝，流连忘返，为吸到一口气味芬芳的花香而感到荣幸和欣慰。

坦桑尼亚的丁香属于桃金娘科的常绿乔术，它的原产地在印度尼西亚的马鲁吉群岛，在我国则称它为“洋丁香”。而我国的观赏植物——丁香是木犀科，原产我国的落叶灌术，虽然花朵亦有芳香，但是与坦桑尼亚国花丁香，不是同一种植物。

法国鸢尾花

鸢尾花为蓝紫色，花形似翩翩起舞的蝴蝶。五月，鸢尾花开的季节，你就可以看见一只只蓝色蝴蝶飞舞于绿叶之间，仿佛要将春的消息传到远方去。

鸢尾被视为法兰西王国的国花。法国是一个鲜花之国，它的首都巴黎有“花都”的美誉。相传法兰克王路易、克洛维斯接受洗礼时，上帝送给他的礼物就是金百合花，法文的百合花与“路易之花”，发音相近。视金百合花为纯洁，金百合花花形像白鸽飞翔的姿势，象征着“圣灵”。法国国王路易第六，将金百合花作为他的印章和铸币图案，装饰他蓝袍的边缘，他穿着蓝袍去参加受任国王的仪式，因此金百合花又成了王室权利的象征。其实，这里所说的金百合花就是香根鸢尾。

法国人种植香根鸢尾除供观赏外，也是获取香精的重要原料。鸢尾花因花瓣形如鸢鸟尾巴而称之，其属名iris为希腊语“彩虹”之意，喻指花色丰富。一般花卉业者及插花人士，即以其属名的音译,俗称为“爱丽丝”。爱丽丝在希腊神话中是彩虹女神，她是众神与凡间的使者，主要任务在于将善良人死后的灵魂，经由天地间的彩虹桥携回天国。

至今，希腊人常在墓地种植此花，就是希望人死后的灵魂能托付爱丽丝带回天国，这也是鸢尾花语“爱的使者”的由来。鸢尾在古埃及代表了“力量”与“雄辩”。

以色列人则普遍认为黄色鸢尾是“黄金”的象征，故有在墓地种植鸢尾的风俗，即盼望能为来世带来财富。

莫奈在吉维尼的花园中也植有鸢尾，并以它为主题，在画布上留下充满自然生机律动的鸢尾花景象。缤纷多彩的鸢尾各代表不同的含意。白色鸢尾代表纯真，黄色表示友谊永固、热情开朗，蓝色是赞赏对方素雅大方或暗中仰慕，紫色则寓意爱意与吉祥。

澳大利亚金合欢

在澳大利亚，金合欢是最具代表性的植物，被评为澳大利亚的国花。金合欢高2～4米，枝具刺，刺长可达1～2厘米，羽片4～8对，每羽片具小叶10～20对，小叶片线状长椭圆形。头状花序腋生，直径1.5厘米，常多个簇生。荚果圆柱形，长3～7厘米，直径8～15毫米。种子多数，黑色，常为二回羽状复叶。许多澳大利亚种及太平洋种的叶小或缺，叶柄扁平，代行叶片的生理功能。叶柄可垂直排列，基部有棘或尖刺。花小，通常芳香，聚生成球形或圆筒形的簇。花多为黄色，偶为白色，雄蕊多数，使花朵外形呈绒毛状。荚果扁平或圆柱形，种子间常缢缩。头状花序簇生于叶腋，盛开时，好像金色的绒球一般。

金合欢别名叫相思树，属豆科的有刺灌木或小乔木，二回羽状复叶，头状的花序簇生于叶腋，盛开时，好像金色的绒球一般。在澳大利亚，稍加留意就会发现，居民的庭院不是用墙围起来，而是用金合欢作刺篱，种在房屋周围，非常别致。花开时节，花篱似一金色屏障，带着浓郁的花香，令人沉醉。澳大利亚的各州还有州花，如塔斯马尼亚的州花是蓝按树花，昆士兰州的州花是石斛兰，维多利亚州的州花

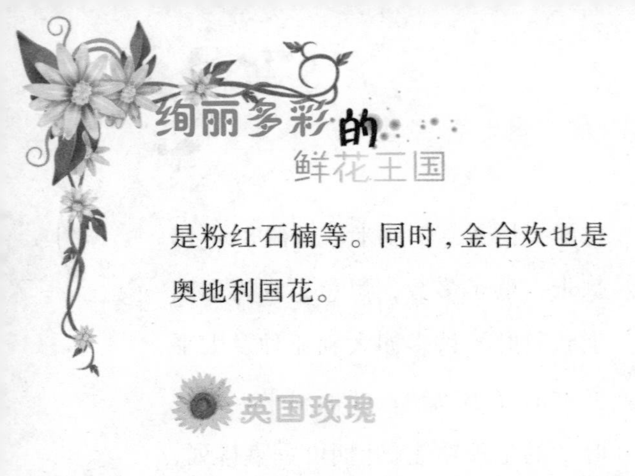

是粉红石楠等。同时，金合欢也是奥地利国花。

英国玫瑰

对于蔷薇、月季、玫瑰这三种花来说，人们总把它搞混，它们虽同科同属，但却并不完全相同，但人们似乎比较偏爱玫瑰这个词，所以把这三种花统称为玫瑰了。在英国及欧美许多国家，都把玫瑰(月季)定为国花，以表示亲爱，又因茎上有刺，表示严肃。基督教中，相传耶稣被出卖后，被钉在十字架上，鲜血滴在泥土中，十字架下便生长出玫瑰花。红玫瑰象征了爱情，这可能是世界通用的花语。相传爱神为了救她的情人，跑得太匆忙，玫瑰的刺划破了她的手脚，鲜血染红了玫瑰花。红玫瑰因此成了爱情的信物。古波斯诗人在诗中曾说：神用玫瑰花加蛇、鸽子、蜂蜜、死海的水、苹果、泥土混在一起，捏出了女人。在英国的朋山月季园，拥有400多个名贵的月季品种。另一个始1935年建成的玛丽皇后月季园，展示出各种月季，吸引了世界各国的月季爱好者。

15世纪英国发生了一场长达30多年的战争，当时互相敌对的王族约克家族和兰加斯特家族为了

争夺王位彼此攻杀，兰加斯特家族以红玫瑰为徽章，约克家族则以白玫瑰为标志。因此这场长期的流血战争在历史上被叫做“玫瑰战争”。

意大利雏菊

雏菊原产欧洲，又名延命菊，是菊科多年生草本植物，原产欧洲。它的叶为匙形丛生呈莲座状，密集矮生，颜色碧翠。从叶间抽出花葶，一葶一花，错落排列，外观古朴，花朵娇小玲珑，色彩和谐。

雏菊早春开花，生气盎然，具有君子的风度和天真烂漫的风采，深得意大利人的喜爱，因而推举为国花，也有说意大利的国花是玫瑰(月季)。罗马贵族的生活中随处可见玫瑰花，居住的房间里，用餐的餐桌上，各种仪式典礼上都要摆放各色的玫瑰花。生活奢侈的人，甚至用玫瑰花浸液来洗浴。不同颜色的玫瑰花，还代表了不同的身份。紫罗兰和香石竹在意大利也非常受欢迎，据说是民间公认的国花。

新加坡万代兰

1981年，新加坡选定卓锦·万代兰为国花。卓锦·万代兰亦

称胡姬花，由福建闽南话音译Orchid(兰花)一词而来，卓锦·万代兰是兰花的一种。它具有优美的容貌特征，清丽而端庄、超群，又流露出谦和，象征着新加坡人民的气质；它有一个娇美的唇片和五个萼片，唇片四绽，象征新加坡四大民族和马来语、英语、华语和泰米尔语四种语言的平等花朵中间的蕊柱，雌雄合体，象征幸福的根源。花由下面相对的裂片拱扶着，象征着和谐，同甘苦、共荣辱。花的唇片后方有一个袋形角，内有甜蜜汁，象征财富汇流聚集的处所。把蕊柱上的花粉盖揭开，里面有两个花块，像两只“金眼”，象征着高瞻远瞩。它的茎向上攀援，象征向上发达、兴旺。它的花一朵谢落，一朵又开，象征新加坡国家民族的命脉，源远流长，具有无穷的信心和希望。新

加坡人喜爱兰花，更偏爱卓锦·万代兰，这是因为在最恶劣的条件下，万代兰也能争芳吐艳，象征着民族的刻苦耐劳，勇敢奋斗的精神。

与其他兰花相比，万代兰应该算是比较喜欢光照的了。植株成熟后，如果光照足够，它一年可以开2至3次花。同时，万代兰具有较强的抗旱能力，生性较粗放，是一类在热带地区比较容易栽培的兰花。

自上个世纪中叶以来，万代兰

开始在世界各地流行，只要是较为温暖的地区，都可以见到她们的踪影。世界各地的兰花爱好者也培育出了大量的万代兰品种，除了在万代兰属内的种间杂交品种外，还有不少与其他属兰花的属间杂交种。

万代兰怕冷不怕热，怕涝不怕旱，在夏天温度高达35℃对它的生长亦影响不大，而且在栽培时不必用许多植料。泰国许多花场对种植万代兰都非常粗放，他们常用木条钉成一个个四方形的小框，里面放入几粒木炭、碎砖或椰衣，就可以延续生长。甚至有的只用一条尼龙绳子把它的植株吊缚起来，挂在兰棚或树下，好像“挂腊鸭”的样子，经常给它洒水和喷肥亦能长叶开花。这种自强不息的特性，是许多娇生惯养的名花所难以比拟的。

西班牙石榴

石榴原产于伊朗、阿富汗等小亚细亚国家。今天在伊朗、阿富汗和阿塞拜疆以及格鲁吉亚共和国的海拔300 ~ 1000米的山上，尚有大片的野生石榴林。石榴是人类引种栽培最早的果树和花木之一。现在我国、印度及亚洲、非洲、欧洲沿地中海各地，均作为果树栽培，

而以非洲尤多。美国主要分布在加利福尼亚州。欧洲西南部伊比利亚半岛上的西班牙把石榴作为国花，在50万平方千米的国土上，不论是高原山地、市镇乡村的房舍前后，还是海滨城市的公园、花园，石榴花栽种特多。石榴在原产地伊朗及附近地区分布较广，选育了不少优异品种。

在西班牙的国徽上有一个红色的石榴，它正是西班牙的国花。石榴既可观赏又可食用，花开于初夏。绿叶荫荫之中，燃起一片火红，灿若烟霞，绚烂之极。赏过了花，再过两三个月，红红的果实又挂满了枝头，恰若“果实星悬，光若玻础，如珊珊之映绿水。”正是“丹葩结秀，华(花)实并丽”。现代生长在我国的石榴，是汉代张骞出使西域时带回国的。人们借石榴多籽，来祝愿子孙繁衍，家族兴旺昌盛。石榴树是富贵、吉祥、繁荣的象征。

韩国木槿花

木槿花亦称喇叭花、又称无穷花，自古即为著名的绿篱植物，也是常见的庭院树。木槿花夏秋开花，花期甚长，花甚美丽，其花朝发暮落，日日不绝，人称有“日新之德”。韩国人民十分喜爱此花，将它定为国花。木槿花代表着无穷的发展和繁荣，象征勤劳、智慧和有耐力的韩国人民。

木槿属主要分布在热带和亚热带地区，木槿属物种起源于非洲大陆，非洲木槿属物种种类繁多，呈现出丰富的遗传多样性。此外，在东南亚、南美洲、澳洲、中美洲也发现了该物种的野生类型。我国也是一些木槿属物种的发源地之一。目前在全球范围内，对木槿属树种研究与栽培多集中在美国的夏威夷、澳大利亚的新南威尔士和昆士兰、马来西亚、韩国等地，主要用于观赏栽培，应用最广泛的为扶桑、木槿、木芙蓉及其品种与杂交种。其中扶桑是马来西亚和斐济的国花，1950 年美国成立了木槿协会，对全球木槿属树种进行了广泛收集，在扶桑和木槿品种选育方面处于领先地位，每年都有新品种推出。在木槿的 200 多个品种中，有 100 多个为韩国本土品种，1990 年，韩国将单瓣红心系列品种定名为韩国国花。

美国山楂花玫瑰

美国山楂花玫瑰属蔷薇科落叶小乔木，开粉、白色花。若单看其花，毫无特色，而从整体看时，粉、白色花于绿叶映衬中，别有一番风致。关于美国的国花，一说是山楂花，另一说法是玫瑰。据有关资料介绍，1985 年经参议院通过选定玫瑰为国花，她象征了美丽、芬芳、热忱和爱情。美国的各个州，每个州还有自己的州花。

美国国花经百年争论，于 1986 年 9 月 23 日国会众议院通过玫瑰为国花。美国人民认为玫瑰是爱情、和平、友谊、勇气和献身精神的化身。美国人还认为红色月季花象征爱、爱情和勇气。淡粉色传递赞同或赞美的信息，粉色代表优雅和高贵的风度，深粉色表示感谢，白色象征纯洁，黄色象征喜庆和快乐。

老挝国花——鸡蛋花

鸡蛋花既是老挝的国花，也是

广东肇庆的市花。鸡蛋花为夹竹桃科的落叶小乔木，又名缅栀子，其花瓣洁白，花心淡黄，极似蛋白包裹着蛋黄，因此得名。每年4、5月间，端庄高雅的鸡蛋花便陆续绽放，香气浓郁，沁人肺腑，5片花瓣轮叠而生，像孩子们手折的纸风车。实际上，鸡蛋花除了白色之外，还有有红、黄两种，都可提取香精供制造高级化妆品、香皂和食品添加剂之用，价格颇高，极具商业开发潜力。也可将鲜花晒干后供泡茶之用，俗称鸡蛋花茶，有治热下痢、润肺解毒之功效。

鸡蛋花树形美观，茎多分枝，奇形怪状，千姿百态。叶似枇杷，冬季落去后，枝头上便留下半圆形的叶痕，颇像缀有美丽斑点的鹿角，可谓热带地区园林绿化、庭院布置、盆栽观赏的首选小乔木佳品。树皮薄而呈灰绿色，富含有毒的白色液汁，可用来外敷，医治疥疮、红肿等症。木材白色，质轻而软，可制乐器、餐具或家具。虽然鸡蛋花的故乡远在美洲的墨西哥至委内瑞拉一带，但现在它的踪迹已遍布全世界热带及亚热带地区。